Barbara Eder · Franz Eder

Pflanzenöl als Kraftstoff

Autos und Verbrennungsmotoren
mit Bioenergie antreiben

Staufen bei Freiburg i.Br.
www.oekobuch.de

Wichtiger Hinweis

Ausdrücklich sei hier angemerkt, dass die Hinweise und Anleitungen in diesem Buch trotz aller Sorgfalt möglicherweise nicht frei von Fehlern sind, die sich unter Umständen erst beim Anwender herausstellen.

Deshalb möchten die Verfasser nicht falsch verstanden werden, wenn sie trotz aller Sorgfalt bei der Zusammenstellung dieses Buches und der Materialien keine Haftung für Mängel und deren Folgen übernehmen.

Bibliografische Information: Die Deutsche Bibliothek

Die Deutsche Bibliothek verzeichnet diese Publikation in der Deutschen Nationalbibliografie; detaillierte bibliografische Angaben sind im Internet unter http://dnb.ddb.de abrufbar.

ISBN 3-936896-05-4

1. Auflage 2004
3. Auflage 2006

Druck: Druckpartner Rübelmann, Hemsbach

Das Titelbild des Buches wurde uns freundlicherweise von der
Fa. Elsbett AG, 91177 Thalmaessing
zur Verfügung gestellt.

Inhaltsverzeichnis

Vorwort

Wer will, kann heute auch im Verkehrs- und Transportsektor bereits auf fossile Kraftstoffe verzichten und Pflanzenöl als erneuerbaren Energieträger einsetzen. Allerdings sind die Möglichkeiten, reines Pflanzenöl, beispielsweise Rapsöl, als Kraftstoff zu tanken, bisher noch wenig bekannt. Rapsöl wird obendrein häufig mit Biodiesel gleichgesetzt und beide Stoffe geraten immer wieder – oft zu Unrecht – in die Kritik. So stellte das Bundesumweltamt beispielsweise in einer 1999 veröffentlichten Studie zu unrecht fest, dass der Ersatz von Dieselkraftstoff durch Rapsöl und RME aus Umweltgründen nicht sinnvoll sei. Diese Aussage wurde von vielen Wissenschaftlern und Experten angezweifelt. Mittlerweile wird diese Studie beim UBA nicht mehr aufgelegt. Die positiven Umwelteffekte von erneuerbaren, CO_2-neutralen Kraftstoffen sind ausreichend über die verschiedensten Ökobilanzrechnungen bestätigt worden. Und selbst Biodiesel, das lange Zeit von den „Ökos" abgelehnt wurde, weil man dachte, die Veresterung verschlinge zu viel Energie, hat seinen Platz behauptet.

Betrachtet man nur den Verkehrssektor, so gibt es bislang keine Alternativen zum Einsatz von Pflanzenölen, will man fossile Energieträger einsparen. Vom praxisreifen Wasserstoffauto sind wir ebenso wie von der Herstellung von Solar-Wasserstoff noch meilenweit entfernt. Auch die Entwicklungen zu deutlich geringerem Kraftstoffverbrauch lassen noch auf sich warten.

In diesem Buch werden die Eigenschaften und Unterschiede zwischen den Kraftstoffen *Pflanzenöl*, *Biodiesel* und *Diesel* erklärt sowie die daraus resultierenden Anforderungen und ihre Einsatzbereiche erläutert. Daraus ergibt sich schnell, warum man bei dem einen Kraftstoff das Auto umrüsten muss und bei dem anderen nicht.

Im folgenden werden dann die verschiedenen technischen Systeme beschrieben, die es möglich machen, Pflanzenöle im Auto einzusetzen. Neben dem klassischen Anwendungsgebiet Pkw wird auch die Nutzung in Traktoren, Lkw´s, Lokomotiven und Schiffen sowie in Ölbrennern und Blockheizkraftwerken beschrieben.

Ein weiteres Kapitel ist den Fragen gewidmet, die mit einer Umstellung auf Biotreibstoffe verbunden sind: Wie wirken sich Umbaumaßnahmen am Auto auf die TÜV-Prüfung, auf Herstellergarantien und auf die KFZ-Steuer aus? Wo kann man Pflanzenöl kaufen und wie wird es optimal gelagert? Wo gibt es Tankstellen? Und: was ist im Winterbetrieb oder bei Urlaubsfahrten an Besonderheiten zu beachten?

Neben den technischen Aspekten der Nutzung werden in weiteren Kapiteln auch die Anbaubedingungen von Ölpflanzen, das zukünftige Potenzial zur Produktion solcher Biotreibstoffe und die damit einhergehenden Umwelteffekte kritisch behandelt.

Es ist das Anliegen der Autoren, aus der eigenen Erfahrung heraus praktische Alternativen zum Verbrauch fossiler Treibstoffe aufzuzeigen. Schließlich lässt sich damit nicht nur die Abhängigkeit von global agierenden Mineralölmultis mindern, sondern auch den negativen Auswirkungen unseres exzessiven Ölverbrauchs auf die Umwelt begegnen. Gleichzeitig erfahren die Leserinnen und Leser, welche Möglichkeiten die Pflanzenölnutzung für Verbraucher, regionale Märkte und insbesondere für die heimische Landwirtschaft bietet, und werden ermuntert, sich mit dieser Technik auseinander zu setzen. Unseren eigenen umgerüsteten PKW betanken wir schon seit vielen Jahren mit reinem Pflanzenöl und sind bis heute begeistert von dieser Möglichkeit. Es ist immer ein schönes Gefühl, zur nächsten Tankstelle (meistens bei einem Bauernhof) zu fahren und ein womöglich dort in der Region produziertes Öl zu beziehen und zu wissen, das Geld bleibt in der Region. In Zeiten, in denen wir oft glauben, Kriegen um Öl und Rohstoffe machtlos gegenüber zu stehen, kann die Unabhängigkeit von Erdöl für den einzelnen eine große Steigerung der individuellen Lebensqualität sein und zudem Hoffnung auf eine friedlichere Zukunft geben. Auch das kann ein Beweggrund für die Nutzung von Pflanzenöl sein.

Unsere Kinder wissen bereits, dass man mit Rapsöl Auto fahren kann. Und auch sie genießen diese Besonderheit und die Nähe und den Kontakt zur Landwirtschaft.

Wir möchten uns bei allen bedanken, die zum Gelingen dieses Buches beigetragen haben. Den Anbietern der Technik wünschen wir für die Zukunft ein Mehr an miteinander. Das Potenzial ist so groß, dass es eigentlich keinen Grund gibt, sich gegenseitig schlecht zu machen. Vielleicht könnten gemeinsam entwickelte Qualitätskriterien für die technischen Anforderungen das Miteinander unterstützen. Wir jedenfalls wünschen allen in der Branche weiterhin steigende Umsatzzahlen und hoffen, mit dem Buch zur Aufklärung über die Möglichkeiten der Pflanzenölnutzung beigetragen zu haben.

Fahren Sie mit Pflanzenöl – Es lohnt sich!

Bernried, 2004   Barbara und Franz Eder

Vorwort zur 2. Auflage

Ein Jahr ist seit dem Erscheinen der ersten Auflage dieses Büchleins vergangen. Der Preis für das Barrel Rohöl hat sich seitdem verdoppelt und hat die 60-Dollar-Grenze deutlich und wohl unumkehrbar überschritten. Der Literpreis für Dieselkraftstoff liegt deutschlandweit bei rund 1,10 Euro. Das hat in der Landwirtschaft zu einem Umrüstboom geführt. Viele Landtechnikwerkstätten und Händler bieten die Umrüstung auf Pflanzenölbetrieb meist im Zweitanksystem für nahezu alle gängigen Schleppertypen an. Auch die Pkw und Lkw-Umrüstungen sowie die Zahl derer, die Dieselkraftstoff mit Pflanzenöl mischen, nimmt stark zu, bei konstantem Pflanzenölpreis von 0,60 bis 0,65 €/l. Die Zahl der Pflanzenöltankstellen wächst. Eine DIN-Norm für Pflanzenöl als Kraftstoff, die weiter differenzierte Qualitätskriterien festlegen soll, ist in Arbeit und wird wohl in absehbarer Zeit verfügbar sein. Leider ist immer noch kein serienmäßiges Pflanzenölauto in Sicht. Die Industrie setzt weiter auf das Wasserstoffauto, das irgendwann serienreif sein soll. Die Entwicklung insgesamt ist aber positiv und es bleibt spannend.

Im August 2005   Barbara und Franz Eder

1.00 Autofahren mit Rapsöl ist möglich – auch für Sie.

1 Pflanzenöle und ihre Eignung als Kraftstoff

Kraftstoffe sind brennbare, in der Regel flüssige oder gasförmige Stoffe, die für den Einsatz in Verbrennungsmotoren geeignet sind, so dass daraus mechanische Energie erzeugt werden kann. Kraftstoffe werden auch als Treibstoffe bezeichnet.

Anliegen dieses Buches ist es zu zeigen, dass neben den klassischen Treibstoffen Benzin und Diesel, die aus fossilem Erdöl hergestellt werden, auch der nachwachsende Rohstoff Pflanzenöl für den Antrieb von Verbrennungsmotoren geeignet ist. Immerhin ist Pflanzenöl um die Hälfte billiger als Benzin und um ein Drittel billiger als Diesel.

Pflanzenöle sind dem Dieselkraftstoff sehr ähnlich. Die niedrige Zündwilligkeit macht sie allerdings für den Einsatz in Ottomotoren ungeeignet. Wer also mit Pflanzenöl fahren will, braucht ein Dieselfahrzeug.

Fast der gesamte Bereich „Transport und Verkehr" (Ausnahme: elektrische Eisen- und Straßenbahnen, O-Busse) ist auf Treibstoffe angewiesen. Allein in Deutschland liegt der jährliche Treibstoffverbrauch für Verkehrsdienstleistungen bei 55,8 Mio. t Mineralöl, davon entfällt gut die Hälfte auf Dieselkraftstoffe. Auch leichtes Heizöl ist durch Pflanzenöl ersetzbar. Zusammen mit Dieselkraftstoffen machen sie nahezu die Hälfte des Mineralölabsatzes in Deutschland (46 %, vgl. Tabelle 1.0) aus und verursachen jährlich eine CO_2-Belastung von 150 Mio. t CO_2.

Nimmt man die Voraussagen der Wissenschaftler und Energiekonzerne ernst, so ist um das Jahr 2008 das Maximum der Erdölreserven erreicht, danach werden die Reserven stetig abnehmen. Damit bleibt uns also gar nichts anderes übrig, als über Alternativen zu Mineralöl nachzudenken und sie anzuwenden.

Das Anbaupotenzial für Ölsaaten in Deutschland und in der EU wird derzeit kaum ausgenutzt, im Gegenteil, die Ölsaatenanbaufläche in der EU nahm in den letzten Jahren sogar ab und liegt nun bei 4,9 Mio. ha. Von der in Deutschland theoretisch für Ölsaaten nutzbaren Ackerfläche von 3 Mio. ha (ohne Mischfruchtanbau) werden nur 1,3 Mio. ha tatsächlich mit Ölsaaten bebaut.

Zusätzlich wird das Anbaupotenzial von Ölsaaten durch vielerlei Regelungen begrenzt. Deutschland darf beispielsweise aufgrund verschiedener Handelsabkommen mit den USA nur 1 Mio. Tonnen Sojaschrotäquivalente für die Tierernährung erzeugen, der Rest soll importiert werden, obwohl bei der Pressung von Rapsöl hochwertiger Schrot für Futterzwecke anfällt. Erzeugen wir mehr Schrot, darf er trotz Bedarf nicht verfüttert werden!

650.000 t Biodiesel wurden im Jahr 2003 erzeugt. Für das Jahr 2004 wird etwa mit einer Verdoppelung der Produktionskapazitäten auf 1,1 Mio. t Biodiesel gerechnet.

Das Anbaupotenzial in Deutschland, in der EU und weltweit könnte unseres Erachtens ohne Gefährdung der Umwelt durch eine geeignete Fruchtfolgegestaltung, durch Mischfruchtanbau und Nutzung heimischer, angepasster und an-

Mineralölabsatz und Energieverbrauch im Jahr 2002 in Deutschland	
Ottokraftstoffe	27,2 Mio. t
Dieselkraftstoffe	28,6 Mio. t
Heizöl leicht	28,5 Mio. t
Heizöl schwer	6,9 Mio. t
Mineralölprodukte insgesamt	123,7 Mio. t
Primärenergieverbrauch	488,5 Mio. t SKE
Mineralölanteil am Primärenergieverbrauch	**25,2 %**

Tabelle 1.0: Mineralölabsatz und Energieverbrauch
Quelle: BAW

spruchsloser Ölfruchtsorten mindestens auf das Doppelte des derzeitigen Stands erhöht werden. Für Deutschland kann damit eine Ausdehnung der Anbaufläche auf 6 Mio. ha und eine Produktion von mindestens 6 Mio. t Pflanzenölkraftstoff pro Jahr erreicht werden. Damit ließen sich immerhin rund 20% des Bedarfes an Dieselkraftstoff decken. Im Zusammenspiel aller möglichen Biokraftstoffe hält die EU es für möglich und nötig, 20% der fossilen Kraftstoffe durch die Erzeugung von heimischen Biokraftstoffen zu ersetzen.

Die größte Bedeutung der Pflanzenöltreibstoffe liegt unseres Erachtens darin, dass sie sofort und in jedem Land der Erde erzeug- und nutzbar sind, während andere Alternativen wie z.B. die Nutzung von Wasserstoff oder von sogenannten „Sun Fuels" (Solarkraftstoffe) noch Jahrzehnte auf sich warten lassen dürften, weil es noch keine praxisreifen Ergebnisse gibt.

1.1 Pflanzenöle

Pflanzenöle werden durch Pressung aus Ölpflanzen gewonnen, wobei es zumeist die Samen sind, die den höchsten Ölgehalt der Pflanze aufweisen. Sehr bekannte Pflanzenöle sind Sonnenblumenöl, Rapsöl, Maiskeimöl, Leinöl, Kürbiskernöl, Olivenöl, Palmöl, Kokosnussöl, Erdnussöl, Sojabohnenöl u.a.

Mengenmäßig sind in Mitteleuropa insbesondere die Mähdruschfrüchte von wirtschaftlicher Bedeutung. So kommt für den Einsatz als Kraftstoff hierzulande hauptsächlich das Rapsöl in Betracht. Das liegt vor allem an dem hohen Ölertrag dieser Pflanze und an den positiven Wirkungen der Rapspflanze für den Boden. In den tropischen Regionen (z.B. in Malaysia oder in der Sahel-Zone) sind besonders das Palmöl und das Öl der Pourgiernuss von Bedeutung, die sich für die Kraftstoffnutzung eignen.

Natürlich ist nicht jedes Pflanzenöl gleich gut. Leinöl beispielsweise ist bei unseren Temperaturen fast fest und daher als Kraftstoff in unseren Breiten völlig ungeeignet. Aber Sonnenblumenöl oder das Öl des Leindotters sind in wichtigen Kraftstoffeigenschaften dem Rapsöl sehr ähnlich. Und viele heimische Ölpflanzen sind hinsichtlich ihrer Kraftstoffeignung noch nicht untersucht worden.

Pflanzenöle finden heute bereits in den verschiedensten Bereichen Anwendung. Neben der Verwendung in der Nahrungsmittelindustrie ist die stoffliche Nutzung in der Bauindustrie und in der verarbeitenden Industrie von Bedeutung, und zunehmend eben auch die Nutzung als Treibstoff (siehe Abb. 1.1 und Tabelle 1.1).

Chemisch gesehen sind die Pflanzenöle Carbonsäureester (Abb. 1.2): An einem Alkohol, dem Glyzerin, hängen drei Fettsäuren (Triglycerid). Die einzelnen Ölpflanzen haben jeweils ein ganz charakteristisches Fettsäuremuster und unterscheiden sich obendrein deutlich in ihrem Ölertrag. Die Fettsäuren wiederum bestehen aus Kohlenstoffketten mit gerader Anzahl von Kohlenstoffatomen. Die Bindungen zwischen den Kohlenstoffatomen können gesättigt sein, d.h.

1.1: Pflanzenöle lassen sich vielfältig nutzen [7].

Produkte aus Pflanzenölen

Naturbelassene Pflanzenöle				Nebenprodukte	
• Speiseöl • Schmiermittel • Kraftstoff		**Modifizierte Pflanzenöle**		• Erucasäurefreie Schrote (Futtermittel) • Erucasäurehaltige Schrote (Brennstoff)	

Fettsäuren und –derivate	Fettsäure-methylester	Glycerin und -derivate	Fettalkohole und -derivate	Fettamine und -derivate	trocknende Öle u. neutr. Ölderivate
• Schmiermittel • Kunststoffe • Waschmittel • Kosmetika • Alkydharze • Farben • Kautschuk	• Treibstoffe (Biodiesel) • Schmierstoffe • Hydrauliköle • Kosmetika • Wasch- und Reinigungsmittel	• Kosmetika • Zahnpasta • Kunststoffe • Kunstharze • Sprengstoffe • Zelluloseverarbeitung	• Wasch- und Reinigungsmittel • Kosmetika • Mineralöl-derivate	• Mineralöl-additive • Weichspüler • Biocide • Faserver-arbeitung	• Lacke • Farben • Firnis • Linoleum • Seifen

Tabelle 1.1: Produkte aus Pflanzenöl

Fettgehalt und Fettsäurezusammensetzung von Ölpflanzen in Europa

Pflanzenart	Fettge-halt %	Gesättigte Fettsäuren Anteil in %					Ungesättigte Fettsäuren Anteil in %				
		Myristin-säure C 14:0	Palmitin-säure C 16:0	Stearin-säure C 18:0	Arachin-säure C 20:0	Behen-säure C 22:0	Öl-säure C 18:1	Eicosen-säure C 20:1	Eruca-säure C 22:1	Linol-säure C 18:2	a –Lino-lensäure C 18:3
Kruziferen											
Raps, hohe Erucasäu.	40-50	0-1,5	1-5	1-4	<1	<1	13-38	5-8	40-64	10-22	1-10
Raps, niedr. Erucas.		0-1	1-5	0,5-2	0-1	0,5-2	50-65	1-3	0-2	15-30	5-13
Ölrettich	38-50		4-6	1-2			25-32	8-12	8-24	18-22	16-20
Leindotter	33-42		3-8	0-1			16-18	15-20	1-2	18-22	35-45
Ölrauke	24-35		2-6	2-4		3-5	15-20	8-10	35-58	12-28	2-10
Krambe m. Schale	30-45		2-10	2-4			12-18	0-2	55-62	8-12	8-10
Kompositen											
Sonnenblume	35-52	Spur	3-9	1-3	0,4-4	<1	14-43			44-70	Spur.
Saflor	18-50		2-6	1-4	0,5		14-24			63-79	<5
Leguminosen											
Sojabohne	18-24	<0,4	2-10	2-6	<0,5		23-32			48-52	2-12
Öl- und Faserpflanzen											
Baumwolle	15-25	0-5	12-24	1-3	0-2		15-35			40-55	0-1
Lein	30-48		4-8	1-4	Spur.		15-30			10-30	40-68
Hanf	28-35		4-10	4-10			6-16			46-60	15-28
Andere Arten											
Mohn	40-55		10-12	<1			12-22			60-75	<1
Kreuzbl. Wolfsmilch	40-50		4-6	1-3			80-90	0-1		0-2	0-2

Tabelle 1.2:
Fettgehalt und Fettsäurezusammensetzung von Ölpflanzen in Europa. Nach W. Schuster: Ölpflanzen in Europa

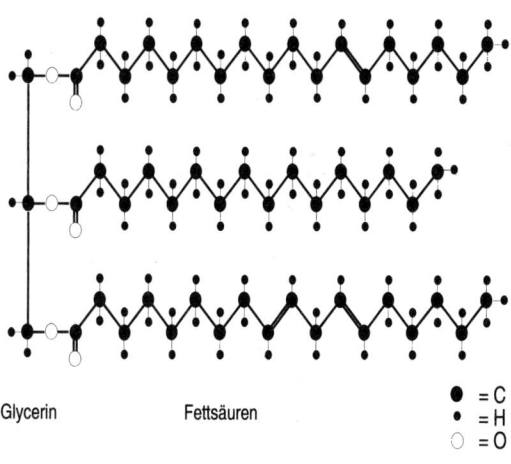

Glycerin   Fettsäuren   ● = C
                                                • = H
                                                ○ = O

1.2: Schema eines Pflanzenöls, Triglycerid [7].

an jedem der vier „Arme" des C-Atoms hängt ein weiteres Atom; bei ungesättigten Bindungen entstehen Doppelbindungen zwischen den Kohlenstoffatomen.

Interessant ist nun, dass die Pflanzenöle genetisch bedingt verschiedene Fettsäuren in jeweils charakteristischer Konzentration enthalten. Dieses Fettsäuremuster bestimmt maßgeblich die Kraftstoffeigenschaften und –qualitäten wie Viskosität, Dichte, Flammpunkt und Oxidationsneigung des Pflanzenöls. Die einzelnen Fettsäuren (auch Ölsäuren genannt) unterscheiden sich wiederum hauptsächlich durch die Länge der Kohlenstoffketten, d.h. durch die Anzahl der C-Atome und die Anzahl der Doppelbindungen (= Grad der Sättigung). Die Charakterisierung „C 16:2" bedeutet also Länge = 16 C-Atome mit 2 Doppelbindungen.

Die Fettsäuremuster verschiedener Pflanzenöle sind in Tabelle 1.2 zusammengestellt.

1.2 Pflanzenöle als Kraftstoff

Pflanzenöle können bereits in naturbelassener Form, d.h. als kalt oder heiß gepresstes gereinigtes Öl, als Kraftstoff eingesetzt werden.

Eine aufbereitete, chemisch veränderte Form des Pflanzenöls ist der *Pflanzenöl-MethylEster PME,* auch *Rapsöl-MethylEster (RME)* genannt, wenn das Pflanzenöl aus Raps gewonnen wurde. Da der Methylester in den physikalischen Eigenschaften dem Dieselkraftstoff sehr ähnlich ist, wird er auch *Biodiesel* genannt.

Daneben sind auch pflanzliche Öle und Fette, die bereits einer Nutzung unterlagen, z.B. Fritierfett, prinzipiell geeignet, wieder verwertet und als Kraftstoff genutzt zu werden. Wichtig ist dabei allerdings die Reinigung des Öles oder Fettes von allen Partikeln, damit diese nicht Filter und Kraftstoffleitungen zusetzen. Auch ein hoher Wassergehalt im Fett kann die Eignung als Kraftstoff schmälern.

Alle zähflüssigen oder härtenden Fette müssen durch beheizbare Lagertanks in flüssige Form gebracht bzw. dünnflüssig gehalten werden. Sollen also natürliche Pflanzenöle und/oder Recyclingfette als Kraftstoff verwendet werden, sind in der Regel Maßnahmen zur Kraftstoffkonditionierung notwendig, z.B. Zweitanksysteme mit Umschaltvorrichtungen (vgl. Kapitel 2).

Pflanzenöl im Vergleich zu Erdölprodukten

Die bekanntesten und am meisten genutzten Kraftstoffe aller Art sind Benzin und Diesel. Sie werden aus Erdöl gewonnen und sind Kohlenwasserstoffgemische biogenen Ursprungs, die vor Millionen von Jahren aus pflanzlichen und tierischen Lebewesen in biologischen Abbauprozessen und unter hoher Druckeinwirkung gebildet wurden.

Die derzeit bekannten weltweiten Erdölvorkommen reichen nach Angaben des Mineralölkonzerns BP noch maximal 100 Jahre. Es wird geschätzt, dass etwa im Jahr 2008 das Maximum der Erdölreserven erreicht bzw. überschritten wird, danach nehmen sie ab. Das heißt zwar nicht unbedingt, dass der Ölpreis unmittelbar steigen wird. Wir rechnen eher damit, dass die jährliche Fördermenge erhöht wird, um globale Wirtschaftskrisen abzuwenden, was aber letztlich bedeutet, dass die Reserven am Ende noch schneller aufgebraucht sein werden. Die Folgen einer Verknappung der Energiereserven werden zumindest mittelfristig zum Anstieg des Ölpreises und unweigerlich zu mehr Auseinandersetzung zwischen den Staaten führen.

Dabei hat die Nutzung des Erdöls in großem Maßstab in den letzten 100 Jahren zu einem erheblichen Anstieg der CO_2-Konzentration in der Erdatmosphäre geführt. CO_2 ist der Hauptverursacher des Treibhauseffektes, der wiederum schwerwiegende Auswirkung auf das globale Klima hat. Die Münchner Rück, einer der weltweit größten Versicherer von Umweltkatastrophen, rechnet mit jährlichen Klimaschäden von 310 Mrd. €. Destabilisierend wirkt sich dabei aus, dass die Folgen des Treibhauseffektes vor allem die ärmsten Länder der Welt am stärksten treffen werden. Mittlerweile werden Länder wie z.B. Bangladesh, die jährlich von Naturkatastrophen heimgesucht werden, nicht mehr

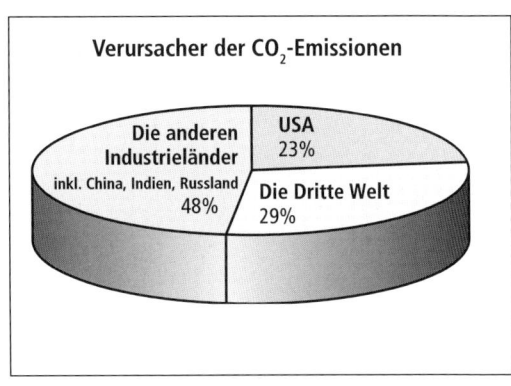

1.3: Verursacher der CO_2-Emissionen. [UBA]

versichert. Die Folgen für Land und Leute sind verheerend und ungerecht, da es vor allem die Industrienationen sind, die den Klimawechsel verursachen (Abb. 1.3.). Deshalb ist jeder Weg, der aus dieser Einbahnstraße herausführt, ernst zu nehmen.

Rohöl (Erdöl), ein Gemisch verschiedener Kohlenwasserstoffe, wird durch Destillation in verschiedene Fraktionen getrennt (vgl. Tabelle 1.3). Je kürzer die Kohlenstoffketten (Anzahl der Kohlenstoffatome) sind, desto niedriger ist der Siedebereich und umso dünnflüssiger ist der Stoff.

Die Eignung von Pflanzenölen zur Treibstoffnutzung

Die Gegenüberstellung der Energieinhalte in Tabelle 1.4 zeigt, dass sich Pflanzenöle von den klassischen Treibstoffen Benzin und Diesel im spezifischen Energieinhalt nur geringfügig unterscheiden. Die häufig geäußerten Befürchtungen, dass man mit PS-Verlusten rechnen muss oder umgekehrt mit einem höheren Kraftstoffverbrauch bei gleicher Leistung sind also unbegründet.

Bedeutsam ist jedoch eine andere wichtige physikalische Kraftstoffeigenschaft, nämlich die *Viskosität* oder Zähflüssigkeit. Ein Stoff mit hoher Viskosität lässt sich schlechter pumpen als ein dünnflüssiger Stoff; obendrein wird bei den zäh-

Bestandteile des Erdöls		
Fraktion	**Siedebereich**	**Zahl der Kohlenstoffatome**
Erdgas	unterhalb 20°C	$C_1 - C_4$
Rohbenzin	40 - 205°C	$C_5 - C_{10}$
Kerosin	175 – 325°C	$C_{12} - C_{18}$
Dieselöl, Heizöl	über 275°C	C_{12} und höher
Schmieröl	nicht flüchtig	Ringe mit langen Seitenketten
Asphalt	Feststoff	Polycyclen

Tabelle 1.3 : Bestandteile des Erdöls (Auszug) [10]

Energieinhalt verschiedener Kraftstoffe	
Kraftstoff	spezifischer Energieinhalt
Benzin	8,6 kWh/l
Diesel	9,9 kWh/l
Rapsmethylester RME	8,8 kWh/l
Pflanzenöl	8,9 kWh/l
Erdgas	10 kWh/m³
Biogas	6 kWh/m³

Tabelle 1.4: Energieinhalt verschiedener Kraftstoffe

flüssigeren Pflanzenölen eine zufriedenstellende Zerstäubung des Kraftstoffs erschwert.

Die *Zündwilligkeit* eines Kraftstoffes wird durch die *Cetanzahl* beschrieben. Sie variiert mit der Viskosität und der Kraftstoffqualität.

Mit dem *Flammpunkt* wird die Temperatur angegeben, bei der sich Zersetzungsprodukte an einer offenen Flamme entzünden. Je niedriger der Flammpunkt, um so höher sind die Sicherheitsanforderungen und –vorschriften bei der Lagerung des Kraftstoffes, weil er sich schneller entzünden kann.

Der *Cloud Point* (auch Stockpunkt genannt) schließlich beschreibt das Kälteverhalten eines Kraftstoffes und gibt Aufschluss darüber, bis zu welcher Temperatur der Kraftstoff pumpfähig ist.

Vergleicht man nun diese Eigenschaften der Kraftstoffe in Tabelle 1.5, so unterscheiden sich

Rapsöl (stellvertretend für heimische Pflanzenöle) und das Öl der Purgiernuss (stellvertretend für Öle aus den tropischen Ländern) vom Dieselkraftstoff nur in wenigen Eigenschaften. Rapsöl hat gegenüber Diesel eine 15fach höhere Zähflüssigkeit. Erst bei höheren Temperaturen von 60 bis 70°C erreicht es mit Dieselkraftstoff vergleichbare Viskositätswerte. Beide Pflanzenöle werden bei niedrigen Temperaturen fest. Rapsöl wird bei Temperaturen unter -10°C spätestens nach drei Tagen fest, bei -25°C bleibt es nur 6 Stunden flüssig. Diese für die motorische Nutzung und für die Kraftstofflagerung ungünstige Eigenschaft muss durch technische Maßnahmen ausgeglichen werden. Die Zündwilligkeit von Pflanzenöl ist der von Diesel vergleichbar. Der höhere Flammpunkt ist im Hinblick auf die Sicherheitsanforderungen sehr günstig. Denn dadurch kann Pflanzenöl im Gegensatz zu Diesel oder PME überall (im Haus, der Garage, im Supermarkt) ohne weitere Brandschutzauflagen gelagert werden.

Ein hoher Sauerstoffgehalt ist für die vollständige rückstandsfreie Verbrennung sehr wichtig. Insgesamt kann man also festhalten, dass sich Pflanzenöle für die Kraftstoffnutzung eignen und dass es vor allem die hohe Zähflüssigkeit und der Stockpunkt sind, welche die Anwendung begrenzen bzw. besondere technische Maßnahmen bei der Nutzung notwendig machen.

Kraftstoffeigenschaften von Rapsöl, Biodiesel und Diesel				
	Rapsöl	**Jatrophaöl (Purgiernuss)**	**Diesel**	**RME**
Dichte	0,91 - 0,93 g/cm³	0,91 - 0,92 g/cm³	0,82 - 0,85 g/cm³	0,86 – 0,90 g/cm³
Viskosität bei 40°C	38 mm²/s		2 - 4,5 mm²/s	3,5 – 5 mm²/s
Cetanzahl (Zündwilligkeit)	40 – 42	51	51 - 56	50
Cloudpoint	-9 bis -15°C	2°C	-14°C	
Flammpunkt	220°C	110 – 240 °	50 - 80°C	120 - 135°C
Schwefelgehalt	max. 20 mg/kg	130 mg/kg	ab 2005: 50 mg/kg	max. 10 mg/kg
Sauerstoffgehalt	11%		0%	
Heizwert	mind. 35 MJ/kg	39,5 – 41,7 MJ/kg	41,4 – 43,5 MJ/kg	36,2 MJ/kg

Tabelle 1.5: Kraftstoffeigenschaften von Rapsöl, Jatrophaöl, Diesel und Biodiesel bei 20°C. nach [12], [13] u.[23]

1.3 Pflanzenölkraftstoffe für Motoren

Die Unterschiede bei den physikalischen Eigenschaften erlauben es nicht, den Dieselkraftstoff einfach durch Pflanzenöl zu ersetzen. Auch wenn es immer wieder positive Erfahrungsberichte von Autofahrern gibt, die ohne Umrüstung problemlos mit reinem Pflanzenöl fahren, möchten wir doch zu Bedenken geben, dass gerade bei den neueren sensibleren Motoren ohne Umrüstung eine Nutzung von Pflanzenöl mit einem Mischungsanteil von mehr als 5% mit großer Wahrscheinlichkeit zu Motorschäden führt. In den robusten alten Vorkammer- und Wirbelkammermotoren von Dieselfahrzeugen, die ihren Dienst getan haben, kann man gerne mal mit höheren Mischungsanteilen experimentieren, ohne dass das Fahrzeug umgerüstet wurde, denn da ist der Schaden gering.

Um moderne Dieselmotoren mit Pflanzenöl betreiben zu können, sind zwei verschiedene Wege möglich (Abb. 1.4):

1. Anpassung des Motors an den Treibstoff
2. Anpassung des Treibstoffes an den Motor

Anpassung des Motors an den Treibstoff

Bei der Verwendung von unverändertem Pflanzenöl muss das Fahrzeug umgerüstet werden. Dies kann entweder durch den Einbau eines speziellen Pflanzenölmotors (z.B. Elsbettmotor) geschehen oder durch technische Veränderungen der Kraftstoffversorgung (für Details vgl. Kapitel 2). Der Einbau eines Spezialmotors hat praktisch keine Relevanz. Denn die zusätzlichen Kosten für den speziellen Pflanzenölmotor von rund 10.000 € machen den wirtschaftlichen Betrieb eines Fahrzeugs unmöglich. Die Zusatzkosten können derzeit nur über die Einsparung der Kraftstoffkosten gedeckt werden, da die positiven Leistungen wie die Nutzung eines nachwachsenden Rohstoffs und Schonung der knappen Erdölreserven oder die Reduktion des CO_2-Ausstoßes finanziell nicht berücksichtigt werden. Nehmen wir eine Kosteneinsparung von 30 Cent pro Liter Pflanzenöl gegenüber Dieselkraftstoff an, so müsste ein Fahrzeug mit Spezialmotor insgesamt eine Fahrleistung von mindestens 400.000 km erbringen, nur um die Investitionskosten des Motors zu decken. Die serielle Produktion eines Pflanzenölmotors ist deshalb eine wichtige Forderung, um eine Nutzung von Pflanzenöl in größerem Maßstab zu ermöglichen.

Viel häufiger findet deshalb die technische Umrüstung der Fahrzeuge Anwendung. Dies ist mit Kosten von rd. 2000 € bislang auch die günstigste Variante. Hier müssen mindestens 6700 Liter Kraftstoff verfahren werden, damit die Umrüstkosten gedeckt sind. Dies entspricht bei einem Kraftstoffverbrauch von 8 l/ 100 km einer Fahrleistung von 84.000 km. Das Fahrzeug sollte also noch mehrere Jahre nutzbar sein, um eine Amortisation zu erreichen.

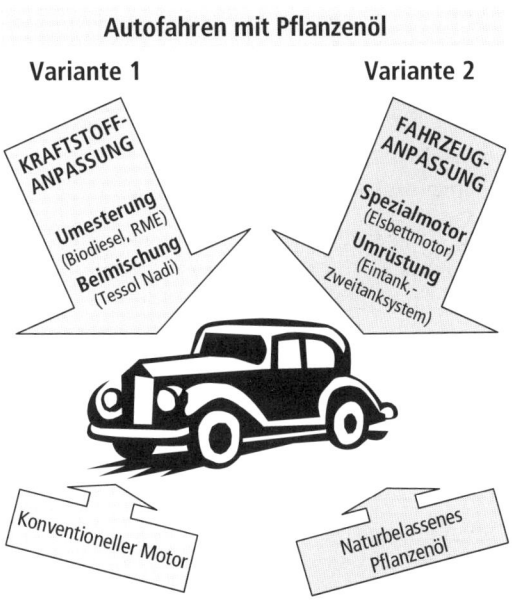

1.4:
Motor- und Kraftstoffanpassung bei der Nutzung von Pflanzenölen.

13

In Deutschland fahren inzwischen mehrere 1000 umgerüstete Fahrzeuge. Und mittlerweile gibt es sogar Autohäuser, die auf Pflanzenöl umgerüstete Neufahrzeuge bei voller Garantieleistung anbieten (siehe Anhang).

Vorteil der Motoranpassung ist, dass das Kfz mit 100% naturbelassenem Pflanzenöl betankt werden kann. Pflanzenöl hat im Vergleich zu Diesel sehr viel geringere Konversionsverluste, wenn man die erzeugte mechanische Energie zum Energieinhalt des Kraftstoffes ins Verhältnis setzt. Zudem ermöglicht dieser Ansatz dank dezentraler Kraftstoffproduktion eine hohe regionale Wertschöpfung und eine hohe Umweltverträglichkeit.

Nachteil ist, dass der Kraftstoff bisher nur an wenigen Tankstellen zur Verfügung steht und der Fahrzeughalter sich darum kümmern muss, wie er am besten zu seinem Kraftstoff kommt. Denn viele Pflanzenölnutzer wollen einfach nicht mehr mit Diesel fahren, obwohl dies mit den umgerüsteten Fahrzeugen jederzeit möglich ist. Dies bedeutet, dass man sich – zumindest derzeit – zusätzliche Gedanken über den Kraftstoffbezug machen muss. Man muss im Vorfeld überlegen, wohin man fahren möchte und ob der Sprit reicht. Dies schränkt den Kreis der potenziellen Nutzer von Pflanzenöl ein, denn nicht jede oder jeder möchte sich darüber so weitgehende Gedanken machen.

In der Regel sind PflanzenölfahrerInnen allerdings begeistert davon, dass sie mit einem heimischen Kraftstoff fahren können, die regionale Wirtschaft und Landwirtschaft stärken und einen nachwachsenden Rohstoff nutzen, mit dem viele negative Folgen der fossilen Erdölnutzung vermieden und CO_2-Emissionen reduziert werden.

Anpassung des Kraftstoffes an den Motor

Bei der Anpassung des Kraftstoffs an den Motor wird das Pflanzenöl durch chemische Prozesse oder physikalisch durch Beimischungen den Kraftstoffeigenschaften des Diesels so angepasst, dass es ohne technische Veränderungen am Fahrzeug in normalen Dieselmotoren eingesetzt werden kann.

Die Umesterung zu Biodiesel

Ein Weg, Pflanzenölkraftstoff an die Bedürfnisse herkömmlicher Motoren anzupassen, besteht in der Veresterung des Pflanzenöls. Durch die Veresterung werden hauptsächlich die Viskosität und die Cetanzahl beeinflusst (vgl. Tabelle 1.5).

Das Produkt der Veresterung ist ein Pflanzenölmethylester (PME), vielfach auch *Biodiesel* oder *RME* (RapsMethylEster) genannt. Der Name „Bio"-Diesel hat in diesem Fall nichts mit biologischer Produktionsweise zu tun und deutet lediglich an, dass es sich um einen dieselähnlichen Stoff pflanzlichen Ursprungs handelt. Vorteil von Biodiesel ist die rasch mögliche Breitennutzung, da das veresterte Pflanzenöl wie Diesel handhabbar und in vielen gängigen Dieselmotoren problemlos einsetzbar ist. Technische Umbauten im und am Motor lassen sich dadurch in den meisten Fällen vermeiden. Viele der deutschen Autohersteller erteilen ihren neuen Dieselfahrzeugen die Zulassung für Biodiesel. Eine Liste der für Biodiesel zugelassenen Fahrzeuge erhalten Sie bei der UFOP (www.ufop.de).

Ganz anders als Pflanzenöl wird PME bzw. Biodiesel bundesweit an über 1600 Tankstellen vertrieben. Dadurch ist eine flächendeckende Versorgung gewährleistet und der Komfort (Tankstelle mit Einkaufsmöglichkeit für Zigaretten, Zeitung, Blumen, Nahrungsmittel etc.), an den wir uns als Autofahrer gewöhnt haben, bleibt erhalten.

Preislich ist der Unterschied zwischen Biodiesel und herkömmlichen Diesel nicht besonders groß. Biodiesel ist pro Liter rund 10 Cent billiger als normaler Dieselkraftstoff. Denn die Umesterung des Pflanzenöls ist mit Zusatzkosten verbunden und den Rest schlägt der Handel

Der Herstellungsprozess von Pflanzenöl

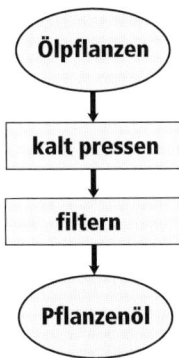

Der Herstellungsprozess von Biodiesel

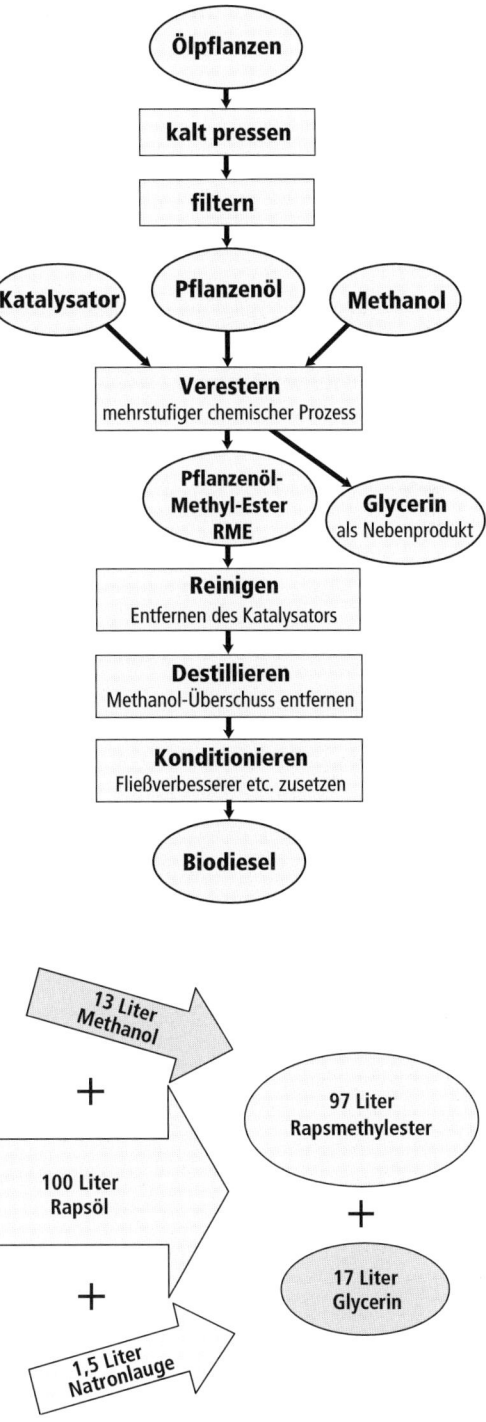

1.5 *(oben und rechts)*
Verfahrensschritte bei Herstellung von Pflanzenöl und der Veresterung von Rapsöl zu Rapsmethylester.

drauf. Der Preis für Biodiesel steigt und sinkt mit dem Dieselpreis. Haben die Tankstellenbetreiber beim Diesel mittlerweile kaum noch eine Handelsspanne, so ist dies beim Biodiesel anders. Hier liegt die Spanne mit etwa 4 – 6 Cent wesentlich höher, dafür setzen die Tankstellen mengenmäßig (noch) deutlich weniger um.
Insgesamt werden in Deutschland jährlich 28, 6 Mio. t Dieselkraftstoff verfahren, der zu nahezu 100 % importiert werden muss. 2004 wächst die heimische Biodiesel-Produktionskapazität auf 1,1 Mio. t. Importiert werden 50.000 t Biodiesel. Bei importiertem RME kam es in der Vergangenheit häufiger zu Qualitätsproblemen. Einige Autohersteller zogen daraufhin sogar die Zulassung ihrer Fahrzeuge für Biodiesel zurück. Mittlerweile wurde auf europäischer Ebene eine verbindliche Qualitätsnorm geschaffen (DIN EN 14214), welche die im Handel befindlichen Kraftstoffe erfüllen müssen.

Biodiesel hat Lösungsmitteleigenschaften und wird der Wassergefährdungsklasse 1 zugeteilt. Es darf deshalb nicht bedenkenlos in Wasserschutzgebieten eingesetzt werden. Dies ist auch ein Kritikpunkt an der Umesterung, da aus dem

1.6: Ressourcenverbrauch bei der RME-Produktion [12].

Reaktionsgleichung bei der Veresterung von Pflanzenöl			
1 Triglycerid + 3 Methanol + NaOH	➡	**3 Monocarbonsäuren**	**+ 1 Propantriol**
Öl / Fett + Alkohol + Natronlauge als Katalysator ➡		Methylester	+ Glycerin

ungefährlichen Pflanzenöl ein wassergefährdender Stoff gemacht wird.

Bei der Umesterung werden die drei Fettsäuren durch Zugabe von Methanol (fossiler einwertiger Alkohol) abgespalten und verestert. Dazu ist ein Beschleuniger (Katalysator) notwendig, z.B. Natronlauge (siehe Reaktionsgleichung oben).

Die Veresterung ist ein technisch und energetisch aufwendiger Prozess (Abb. 1.5). Veresterungsanlagen müssen eine bestimmte Größe haben, um sie wirtschaftlich betreiben zu können. Eine Herstellung von Methylester in kleinen dezentralen Anlagen von landwirtschaftlichen Erzeugergemeinschaften und Maschinenringen ist daher nicht möglich. Der Ressourceneinsatz von Alkohol, Lauge und Energie ist im Vergleich zu naturbelassenem Pflanzenöl höher. Auch fällt bei der PME-Produktion Glycerin an. Bislang konnte dies von der Industrie abgenommen werden. Durch die rasch steigenden Biodiesel-Produktionskapazitäten werden inzwischen aber Glycerinüberschüsse erzeugt, die entsorgt werden müssen (Abb.1.6).

Insgesamt sind der zusätzliche Energieaufwand und der Ressourcenverbrauch gewichtige Nachteile des Biodiesels gegenüber reinem Pflanzenöl. Trotzdem hat der Einsatz von PME, bedingt durch die steigenden Preise für fossile Kraftstoffe, in den letzten Jahren stark zugenommen. Ein klarer Vorteil des Biodiesels ist die Nutzung in Motoren, ohne dass eine Umrüstung notwendig wird, und die hohe und fast flächendeckende Verfügbarkeit an Tankstellen. Dadurch können viel mehr Fahrzeughalter motiviert werden, einen aus Pflanzenöl gewonnenen Kraftstoff zu nutzen, als bei der Variante Fahrzeuganpassung.

Pflanzenöl-Kraftstoff-Gemische

Ein anderer Weg zur Anpassung des Kraftstoffes an die Bedürfnisse herkömmlicher Motoren ist die Herstellung von Gemischen. Durch Beimischung von fossilen Kraftstoffen, von PME und Alkohol können den Pflanzenölen weitgehend dieselähnliche Eigenschaften verliehen werden. Solche Gemische werden von einigen Mineralölfirmen hergestellt und angeboten. Eine dezentrale Herstellung ist nicht möglich.

Bisher sind drei verschiedene Kraftstoffmischungen mit Pflanzenölen am Markt erhältlich (Tabelle 1.6). Die Langzeittauglichkeit dieser Gemische ist aber noch nicht hinreichend erprobt [7]. Die Kosten der Gemischherstellung belaufen sich auf 0,05 – 0,10 €/l.

In Frankreich wird die Beimischung von Pflanzenölen zu Erdölprodukten schon lange praktiziert (vgl. Kapitel 8: Potenzial). Dies wird nun auch in der EU geschehen. In Zukunft soll der Anteil der Biokraftstoffe (Pflanzenöle, Bioethanol, Biogas u.a.) am Gesamtkraftstoffmarkt von 2 % in 2004 auf 5,75 % im Jahr 2010 zunehmen. Diese Verpflichtung ist Teil des gemeinsamen Zieles, auf längere Sicht insgesamt 20 % der herkömmlichen Kraftstoffe durch Biokraftstoffe zu ersetzen. Durch den Beimischungszwang möchte man einen stabilen Markt für Biokraftstoffe schaffen und dadurch den Einstieg in diese Technologien erleichtern.

Kraftstoffmischungen	
Produktbezeichnung	**Mischungsverhältnis**
TESSOL NADI	14% Testbenzin, 6% Alkohol 80% Rapsöl
TESSOL 2	35% RME, 5% Alkohol 60% Rapsöl
VEBA-Verfahren	10% Rapsöl 90% mineralisches Rohöl

Tabelle 1.6: Kraftstoffmischungen

Für wen lohnt sich der Umstieg?

Prinzipiell sind Pflanzenöle in natürlicher wie in chemisch veränderter Form als Kraftstoff geeignet. Für die veresterten Pflanzenöle spricht die rasche und unkomplizierte Nutzung, ohne dass Maßnahmen am Motor oder an der Kraftstoffanlage notwendig werden. Für die Nutzung von reinem Pflanzenöl sprechen die regionale Wertschöpfung und Arbeitssicherung, die hohe Umweltverträglichkeit und die günstigeren Kraftstoffkosten. Alle Biokraft- und Bioheizstoffe sind EU-weit von der Mineralölsteuer befreit. Aus rein ökonomischer Sicht ist die Umstellung auf Pflanzenöl nur für Vielfahrer, Transport- und Fuhrunternehmen, Pendler und Taxibetriebe interessant, die mindestens 17.000 km im Jahr fahren und ihr Fahrzeug für mindestens 5 Jahre nicht wechseln (8 l/100 km; 0,30 €/l Preisunterschied beim Kraftstoff, 2000 € Umrüstkosten). Die allermeisten Pflanzenölfahrer sind aber nicht nur aus rein ökonomischen Gründen umgestiegen. Natürlich freuen sich alle, wenn sie die steigenden Treibstoffpreise an der Anzeigensäule einer Tankstelle lesen. Meist aber sind ein starkes Umweltbewusstsein und eine ausgeprägte Verantwortung die Hauptbeweggründe für die Nutzung von Pflanzenöl.

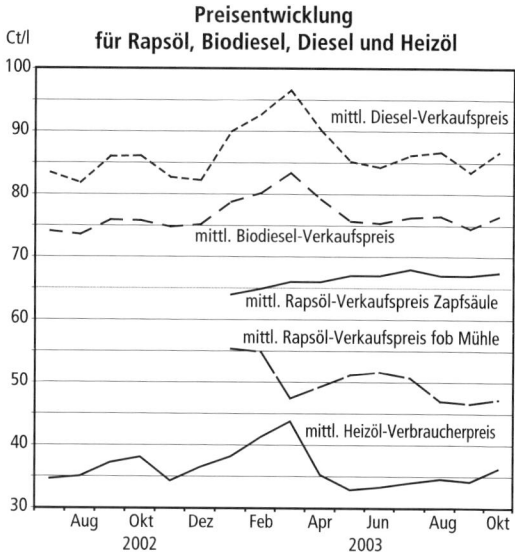

1.7
Preisentwicklung für Rapsöl, Biodiesel, Diesel und Heizöl für 2002/2003.
Quellen: Internationales Wirtschaftsforum Regenerative Energien (IWR), Münster; Mineralölwirtschaftsverband e.V., Hamburg; Carmen e.V., Straubing; Verband deutscher Ölmühlen e.V., Berlin.

Vorteile und Nachteile von Pflanzenöl, PME und Gemischen gegenüber fossilen Kraftstoffen				
Parameter	**Pflanzenöle**	**PME / Biodiesel**	**Gemische**	**Diesel**
Technische Eignung als Kraftstoff	nur mit technischer Zusatzausrüstung mögl.	mit geringen Änderungen i. fast allen Dieselfahrz.einsetzb.	unbegrenzt	unbegrenzt
Energiedichte	8,94 kWh/l	8,85 kWh/l		9,86 kWh/l
Gewinnung	dezentral und zentral	zentral	zentral	zentral
Ressourcen- u. Energieverbrauch	gering	mittel	–	hoch
Endlichkeit der Vorräte	unbegrenzt	unbegrenzt	100 Jahre	100 Jahre
Sicherheit, Transport, Lagerung	sicher	höheres Risiko	gefährlich	gefährlich
Umweltverträglichkeit	sehr gut	gut	schlecht	schlecht
Klimaschutz	sehr gut	gut	schlecht	schlecht
Regionale Wertschöpfung	hoch	mittel	gering	sehr gering
Kosten Umrüstung Fahrzeug	hoch	nicht nötig	nicht nötig	nicht nötig
Kosten Kraftstoff	gering	relativ hoch	hoch	hoch

Tabelle 1.7: Vorteile und Nachteile von Pflanzenöl, PME und Gemischen gegenüber fossilen Kraftstoffen.

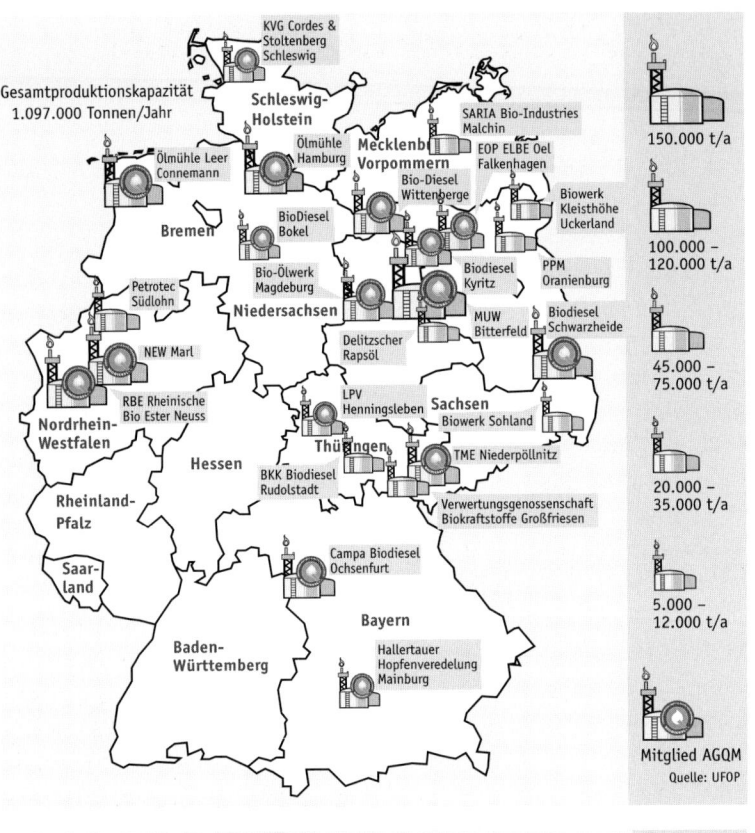

1.8: Produktionsstätten für Bio-diesel mit Produktionskapazitäten 2004 [UFOP].

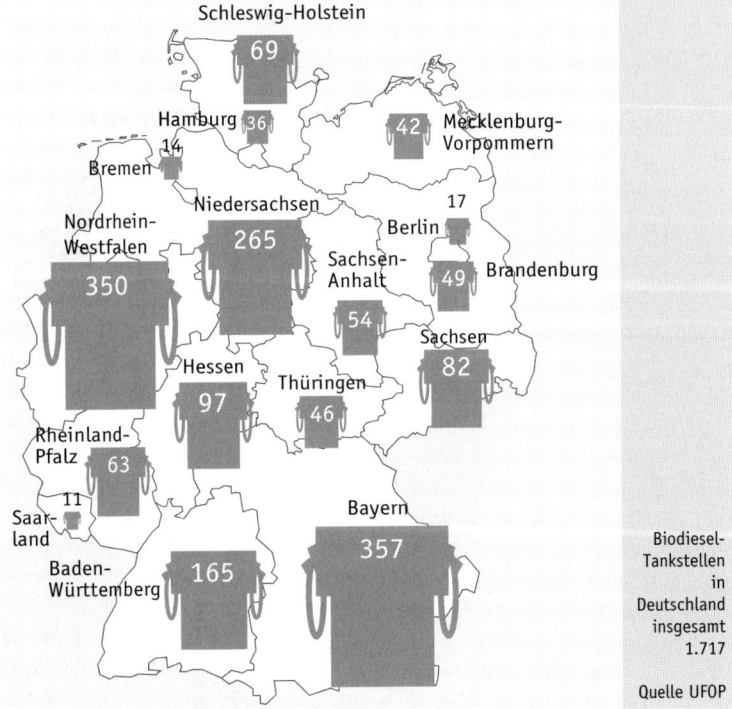

2.1: Biodiesel-Tankstellennetz 2004 [UFOP].

2 Anwendung von Pflanzenöl als Kraftstoff

2.1 Einsatz in Kraftfahrzeugen

Fahren mit Pflanzenölmethylester, Biodiesel oder RME

Da in Deutschland ausschließlich Rapsöl für die Biodieselherstellung verwendet wird, benutzen wir im folgenden nur noch die Begriffe Raps-MethylEster und die Abkürzung RME. Grundsätzlich gilt das hier Gesagte aber auch für entsprechende Produkte aus anderen Pflanzenölen. Eine Reihe gängiger Dieselfahrzeuge wurden von den Herstellern für den Betrieb mit Rapsölmethylester freigegeben. Das heißt, sie können ohne weitere Umrüstmaßnahmen Biodiesel bzw. RME tanken. Wird in der Fahrzeugbetriebsanleitung eine solche Freigabe nicht ausgesprochen, hilft oftmals eine Anfrage bei der KFZ-Fachwerkstatt. Möglicherweise ist nach geringfügigen Umbaumaßnahmen die Verwendung von RME auch für ältere Diesel-Fahrzeuge möglich. Fragen Sie gegebenenfalls auch nach einer Freigabe für die Standheizungen, denn die sind bislang in den seltensten Fällen biodieseltauglich. Eine aktuelle Übersicht der Herstellerfreigaben findet sich auf der Homepage der Arbeitsgemeinschaft Qualitätsmanagement Biodiesel e.V., zusammen mit Telefonnummern, um im Zweifelsfall direkt mit dem Hersteller Kontakt aufzunehmen (www.agqm-biodiesel.de). RME wirkt chemisch wie ein Lösungsmittel. Wenn die kraftstoffführenden Bauteile des Fahrzeuges gegenüber einem Lösungsmittel wie RME nicht durchgehend beständig sind, kann es zu Störungen bzw. Schäden an der Kraftstoffanlage und zu Motorstörungen kommen. Insofern ist eine fehlende Herstellerfreigabe auf je-

den Fall ernst zu nehmen, denn schon kleinere Schäden an der Kraftstoffförderpumpe, den Kraftstoffleitungen und den Dichtungen im Kraftstoffsystem können gravierende und teure Konsequenzen haben.

Bei erstmaliger Verwendung von RME kann nach einigen Tankfüllungen ein Austausch des Kraftstofffilters nötig werden, da es zu Ablösungen von Lack oder ähnlichem im Tank und in den kraftstoffführenden Bauteilen kommen kann. Kommt RME mit dem Fahrzeuglack oder mit Kleidung in Berührung, kann es auch hier zu Schäden kommen. Daher empfiehlt es sich Spritzer von Biodiesel auf dem Lack sofort abzuwischen. Das Motoröl muss möglicherweise in kürzeren Intervallen gewechselt werden, da sich RME leichter als Dieselkraftstoff mit dem Motoröl vermischt. Gerade in diesem Punkt sind also die Vorgaben des Fahrzeugherstellers unbedingt zu beachten.

2.2
Biodiesel ist heute bereits an vielen Tankstellen als Konkurrenzprodukt zum Dieselkraftstoff erhältlich.
Quelle: UFOP e.V.

RME ist heute bereits an vielen Tankstellen als preisgünstigeres Konkurrenzprodukt zum Dieselkraftstoff erhältlich. Anders als beim Preis für reines Pflanzenöl steigt der Preis des Biodiesels mit dem Preis des fossilen Diesels an und die Differenz ist relativ gering und damit auch der Anreiz für Autofahrer, auf Biodiesel umzusteigen. Der Schwerlastverkehr ist wohl der beste Kunde bei Biodieseltankstellen. Denn in dieser Branche zählt jeder Cent, der gespart werden kann. RME-Kraftstoff unterliegt einer europäischen DIN-Norm (DIN EN 14214), in der die Anforderungen an den Kraftstoff für Hersteller und Tankstellenbetreiber verbindlich beschrieben sind. In der Vergangenheit hatte es einige Schwierigkeiten bei der Einhaltung der Qualität von Biodiesel gegeben, vor allem bei Importen. Diese können nun mit der Einführung der europäischen Norm als erledigt betrachtet werden. Die Freigaben der Fahrzeughersteller beziehen sich in der Regel auf die Verwendung eines Kraftstoffes nach diesem Qualitätsstandard.

Fahren mit Pflanzenöl

Für den Betrieb gängiger Dieselfahrzeuge mit reinem Pflanzenöl sind in *jedem Fall* Umrüstmaßnahmen am Kraftstoffsystem des Motors notwendig. Welche Maßnahmen im einzelnen zu treffen sind, wird im folgenden Kapitel 2.2 behandelt.

Wird ein konventionelles Dieselfahrzeug ohne Umrüstung mit Pflanzenöl betankt, ist über kurz oder lang mit Betriebsstörungen zu rechnen, die bis zu einer vollständigen Zerstörung des Motors führen können. Während der „kritischen" Warmlaufphase ist die Zerstäubung des Pflanzenöls nämlich aufgrund der hohen Viskosität und der niedrigen Betriebstemperatur des Motors zu gering und die Verbrennung dadurch unvollständig. Es kommt zu Verkokungen und Ablagerungen von Verbrennungsrückständen an Ventilen und Kolbenringen.

Darüber hinaus kann eine Vermischung von unverbranntem Pflanzenöl mit dem Motoröl stattfinden, wodurch die Schmierfähigkeit des Motoröls stark eingeschränkt wird.

Vor allem im Internet wird in verschiedenen KFZ-Chatrooms immer wieder über Fahrzeuge berichtet, die ohne Umrüstung schon viele tausend Kilometer ausschließlich mit Pflanzenöl gefahren wurden. In Einzelfällen, besonders bei robusten, großvolumigen Vorkammermotoren, mag so ein Betrieb mit Pflanzenöl ohne Umbaumaßnahmen möglich sein. Dennoch ist auch hier die Gefahr eines Motorschadens jederzeit gegeben, und eine verkürzte Lebensdauer des Motors bleibt lange unbemerkt. Ohne Umrüstung kann sich außerdem das Abgasverhalten durch den Pflanzenölbetrieb verschlechtern.

Grundsätzlich ist es auch möglich, dem Dieselkraftstoff Pflanzenöl *beizumischen*. Je nach Motortyp und Jahreszeit sind Beimengungen von 10 bis über 50% Pflanzenöl möglich, ohne dass die Gefahr besteht, den Motor zu schädigen. Vorkammermotoren vertragen größere Pflanzenölanteile als Direkteinspritzer. Wer Versuche in dieser Richtung anstellen will, sollte mit kleinen Mengen Rapsölzusatz, z.B. 5 bis 10% der Kraftstoffmenge, beginnen und das Fahrzeug genau beobachten. Springt das Fahrzeug beim Kaltstart schlechter an oder stirbt es öfter ab, sind dies Indizien dafür, dass der Pflanzenölanteil schon zu groß ist. Der optimale Pflanzenölanteil für ein Fahrzeug ist also individuell herauszufinden. Verwenden Sie auf jeden Fall nur Rapsöl, das den Weihenstephaner Qualitätsstandard erfüllt. Im Sommer kann wegen der besseren Fließfähigkeit bei höheren Temperaturen mit größeren Pflanzenölanteilen gefahren werden als im Winter.

Bei Fahrzeugen mit Common-Rail- und Pumpe-Düse-Einspritzsystemen sollte man bei der Pflanzenöl-Beimischung noch vorsichtiger vorgehen.

2.2 Umrüstmaßnahmen für PKWs

Die physikalischen Eigenschaften von Rapsöl sind erst bei einer Temperatur von ca. 70°C denen von Dieselkraftstoff weitgehend ähnlich. Um konventionelle, für Dieselkraftstoff optimierte Motoren mit Pflanzenöl gefahrlos betreiben zu können, sind daher – außer bei Verwendung von RME – Änderungen bzw. Umbauten an den Motoren erforderlich, und zwar insbesondere an der Kraftstoffanlage.

Für die verschiedenen Motorbauarten und Nutzungsarten gibt es Umbau- bzw. Umrüst-Systeme, die im folgenden mit ihren Vor- und Nachteilen näher beschrieben werden. Tabelle 2.1 gibt einen ersten Überblick über die Lösungen.

Das Zwei-Tank-System

Beim Zwei-Tank-System wird der Motor beim Start und während der Warmlaufphase mit Dieselkraftstoff betrieben, bevor für den Dauerbetrieb auf Pflanzenöl umgeschaltet wird. In einem meist im Kofferraum oder in der Reserveradmulde untergebrachten 10 bis 40 Liter fassenden Zusatztank wird konventioneller Diesel getankt. Solche Zusatztanks gibt es mittlerweile in allen möglichen Ausführungen, so dass der Platzverbrauch relativ gering ist. Hat der Motor nach zwei bis drei Kilometern seine Betriebstemperatur erreicht, wird von Hand oder über einen Temperaturschalter automatisch auf

Umrüstmöglichkeiten von Kraftfahrzeugen auf Pflanzenöl-Kraftstoffe			
System / Lösung	Vorteile	Nachteile	Kosten
Kraftstoffanpassung: **PME-Kraftstoff** Biodiesel tanken	– Kein Umbau nötig – Sofort anwendbar – Entspricht Verbraucherverhalten – Tankstellennetz vorhanden	– Höherer Energie- und Ressourcenverbrauch für Herstellung des Kraftstoffs – Geringe regionale Wertschöpfung	Sehr gering
Fahrzeuganpassung: **Zweitank-System** Heizung der Kraftstoffversorgung, Umschalteinheit auf 2. Tank mit Dieselöl	– Für viele Fahrzeugtypen geeignet – Problemlos im Winterbetrieb – Baukastensystem, ausbaubar – Spülung mit Diesel – Hohe regionale Wertschöpfung	– Platzbedarf für Zusatztank – Geruchsemission – Umschalten auf Dieselbetrieb nötig – Immer zusätzlicher Dieselbedarf	niedrig 600 – 1.800 €
Fahrzeuganpassung: **Eintank-System** Heizung der Kraftstoffversorgung, geänderte Einspritzdüsen und Glühkerzen	– Für einige Fahrzeugtypen geeignet – Entspricht besser den Gewohnheiten der Autofahrer – 100% Pflanzenölbetrieb möglich – hohe regionale Wertschöpfung	– Im Winter ist Dieselzusatz nötig	mittel 1200 – 4800 €
Motoranpassung: **Pflanzenöl-Spezialmotoren** Einbau eines neuen Motors	– Höchster Wirkungsgrad – 100% Pflanzenölbetrieb – kein Dieselzusatz nötig – brenntechnisch optimiert – hohe regionale Wertschöpfung	– Es werden nur für wenige Fahrzeugtypen geeignete Motoren angeboten, – Keine Serienproduktion	hoch 13.000 € und mehr

Tabelle 2.1: Vergleich der verschiedenen Umrüstsysteme

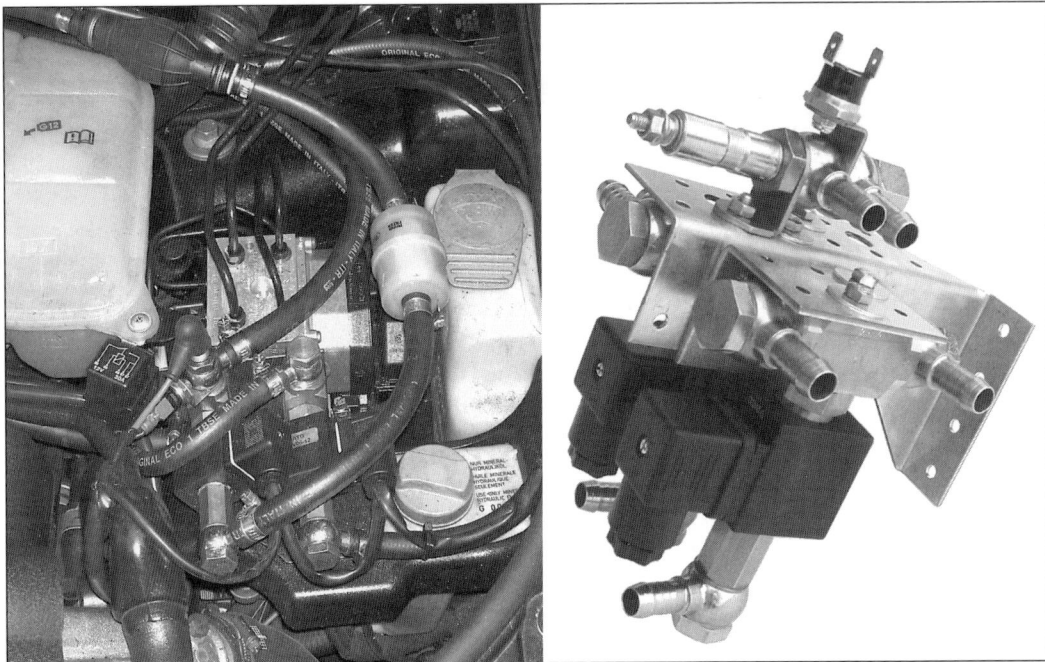

2.3 *(links und rechts)*
Umrüstsätze beinhalten i.d.R. die hier gezeigte elektrische Umschalteinheit mit Durchlauferhitzer der Firma ATG, Glött (sie dient zur Umschaltung zwischen den Kraftstofftanks und zur Entlüftung des Kraftstoffsystems), Zusatztank, Thermoschalter (mit Temperaturregelung), Wärmetauscher für Wasserkreislauf, Kraftstoffleitungen, Kraftstofffilter, Drehschalter mit Kontrollleuchte, Relais, Kabelsatz mit Stecker und Schutztüllen, Hängesicherung mit Sicherung 16 A, div. Kleinmaterial (Schlauchschellen...), ausführliche Einbauanleitung und TÜV-Gutachten.

Pflanzenöl umgeschaltet. Dafür enthalten die Umrüstsätze eine sogenannte Umschalteinheit, die beim Kraftstoffwechsel auch dafür sorgen muss, dass die kraftstoffführenden Bauteile entlüftet und Betriebsstörungen vermieden werden. Soll das Fahrzeug für längere Zeit abgestellt werden, je nach Außentemperatur für mehr als ein bis zwei Stunden, muss wenige Minuten vor Fahrtende wieder auf Dieselbetrieb umgeschaltet werden, um Kraftstoffleitungen, Pumpe und Einspritzdüsen zu spülen und mit dünnflüssigem Dieselöl zu füllen. Nur so ist später ein problemloser Kaltstart möglich.

Nach der Warmlaufphase muss das Pflanzenöl für den Dauerbetrieb auf über 70°C vorgewärmt werden, um eine optimale Zerstäubung des Pflanzenöls im Brennraum bzw. in der Vorkammer zu erreichen. Die Vorwärmung wird dabei von den verschiedenen Anbietern der Umrüstsätze auf unterschiedliche Weise gelöst. Einige

2.4
Bordanzeige für das Zweitank-System der Fa. BioCar, München

22

Anbieter arbeiten beispielsweise mit elektrischen Durchlauferhitzern bzw. Heizmanschetten an den Kraftstofffiltern. Andere nutzen die Abwärme des Kühlwassers, um mittels Wärmetauscher im Motorraum den Pflanzenöltank direkt zu beheizen.

Die Erwärmung des ganzen Kraftstofftanks hat den Vorteil, dass der Kraftstoff unabhängig von der Außentemperatur bereits im Tank in dünnflüssiger Form vorliegt. Dadurch wird die Kraftstoffförderpumpe weit weniger beansprucht als beim Ansaugen von kaltem Pflanzenöl; obendrein reicht der Querschnitt der bestehenden Kraftstoffleitungen auch bei niedrigen Außentemperaturen aus, um genügend Pflanzenölkraftstoff zu fördern. Bei Systemen mit Tankheizung ist es dadurch möglich, auch mit Gänseschmalz oder Erdnussfett zu fahren, mit Fetten also, deren Schmelztemperatur so hoch ist, dass sie bei gängigen Außentemperaturen in fester Form vorliegen. Ein Nachteil der Fette ist, dass sie für das Betanken in die flüssige Form gebracht werden müssen, wobei jede Erwärmung aber zu Qualitätseinbußen führt.

Eine andere Möglichkeit besteht darin, mit dem Dieselöl aus dem zweiten Tank eine Standheizung zu betreiben, die vor jedem Kaltstart Motor und Kraftstoffanlage soweit vorwärmt, dass ein Start mit Pflanzenöl möglich ist. Da die Vorwärmung je nach Motorgröße und Außentemperatur eine gewisse Zeit in Anspruch nimmt, ist zumindest eine spontane Nutzung des Fahrzeugs doch sehr eingeschränkt. Die Kosten für eine Standheizung belaufen sich je nach Fahrzeuggröße und Ausstattung auf 500 bis 1200 €, zuzüglich Einbaukosten. Zusätzlich sollte in jedem Fall ein Kühlwasserwärmetauscher installiert werden, der bei betriebswarmem Motor die Kraftstoffvorwärmung „kostenlos" übernimmt. Die Eintragung der Umbaumaßnahmen bei einer amtlichen Überwachungsorganisation (TÜV, Dekra etc.) ist normalerweise unproblematisch (siehe Kapitel TÜV) und sollte vom Umrüster gemacht werden.

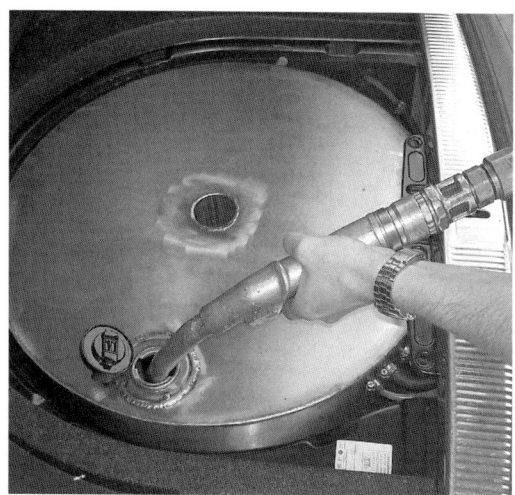

2.5
Pflanzenöltank in der Reserveradmulde.
Quelle: Marcus Reichenberg, Weilheim

2.6
Kühlwasser-Wärmetauscher.
Quelle: Marcus Reichenberg, Weilheim

Der größte *Vorteil* des Zweitank-Systems liegt im gesicherten Kaltstartverhalten auch bei niedrigen Temperaturen. Außerdem führt der Dieselstart zu einer regelmäßigen Spülung und Reinigung des Kraftstoffsystems. Der Motor wird weniger belastet, weil das Fahrzeug in der Warmlaufphase mit Diesel betrieben und erst dann auf Pflanzenölbetrieb umgeschaltet wird, wenn das Pflanzenöl seine optimale Temperatur erreicht hat. Ein weiterer Vorteil ist, dass das System ohne weiteres bei Autowechsel ausgebaut und zumindest teilweise wieder verwendet werden kann. Da es im Vergleich zur Eintanklösung und zum Spezialmotor preiswerter ist, kommt es finanziell gesehen auch für solche Fahrzeughalter in Betracht, die weniger weite Strecken zurücklegen. Und was für die Verbreitung und Nutzung solcher Systeme außerdem sehr wichtig ist: Auch die neueren Autotypen mit relativ sensiblen Motoren und Einspritzsystemen können kostengünstig und sicher mit Pflanzenöl betrieben werden.

Nachteilig ist zunächst einmal, dass man nicht ausschließlich mit Pflanzenöl fahren kann. Der zweite Tank braucht Platz. Die Unterbringung in der Reserveradmulde ist zwar eine geschickte Lösung, aber das Reserverad soll ja auch noch mit. Ist der Zusatztank ein Dieseltank und befindet sich dieser im Kofferraum oder in der Reserveradmulde, kann es durch Unachtsamkeit beim Betanken zu hartnäckigem und unangenehmem Dieselgeruch und zu Verschmutzungen im Auto kommen.

Wird vor einem längeren Stillstand des Motors vergessen, das Kraftstoffsystem mit Diesel zu spülen, kann bei niedrigen Temperaturen das Fahrzeug nicht mehr gestartet werden. Eine automatische Dieselspülung nach jedem Ausschalten des Fahrzeugs erhöht den Dieselverbrauch und die Schadstoffemissionen. Das gilt auch für die Zusatzrunde, die man zum Spülen des Kraftstoffsystems noch drehen muss, obwohl man sein Ziel schon erreicht hat.

Die Bauteile für Zwei-Tank-Systeme werden auch als Bausatz zur Selbstmontage zu Preisen zwischen 600 und 1600 € angeboten. Dabei ist auf eine gute Einbauanleitung zu achten. Hilfreich ist oftmals auch die professionelle Einbaukontrolle, so wie dies von den Firmen Elsbett (Thalmässing) oder Bio Car (München) angeboten wird.

Eine Liste der Anbieter von Umrüstsätzen finden Sie in Anhang des Buches. Wie üblich gibt es auch in dieser Branche schwarze Schafe. Wir haben deshalb nur jene Anbieter aufgenommen, die schon jahrelange Erfahrungen haben oder bereits eine Vielzahl von Umrüstungen anbieten können. Trotzdem sollte man Neueinsteigern mit innovativen Lösungsansätzen auch eine Chance geben, ihr Können zu beweisen. Im Anhang finden Sie außerdem einige Kriterien, welche seriöse Anbieter mindestens erfüllen sollten. Mit dieser Liste, glauben wir, sind Sie in der Lage, den richtigen Umrüster für sich auszuwählen.

Geschickte Handwerker können den Einbau ohne weiteres selbst ausführen. Hierzu sollten Sie mindestens einen bis eineinhalb Tage Zeit

2.7: Elektrische Heizmanschette mit Kraftstofffilter

einplanen. Wer sein Auto dazu in die Werkstatt bringt, muss für den Einbau etwa 500 € an Arbeitskosten zusätzlich veranschlagen.

Wir schätzen, dass derzeit (2004) ca. 2500 Fahrzeuge in Deutschland mit dem Zweitanksystem ausgerüstet sind.

2.8: Oberteil des zusätzlichen Kraftstofffilters

Das Eintank-System

Beim Eintank-System ist der Betrieb des Fahrzeugs *ausschließlich* mit Pflanzenöl möglich. Um jederzeit eine saubere und rückstandsfreie Verbrennung des Pflanzenöls zu gewährleisten, sind in diesem Fall neben einer beheizten Kraftstoffanlage noch weitergehende Modifizierungen am Kraftstoffsystem *und* am Motor nötig. Wie schon erwähnt, hat Pflanzenöl eine deutlich höhere Zündtemperatur als Diesel. Um auch beim Kaltstart für die Pflanzenölverdampfung und -verbrennung ausreichend hohe Temperaturen im Brennraum zu erhalten, werden leistungsstarke und nachglühfähige Glühkerzen benötigt. Diese Glühkerzen müssen so lange für ausreichende Hitze im Brennraum sorgen, bis das Vorwärmsystem für das Pflanzenöl und die steigende Motortemperatur die Zusatzheizung unnötig machen. Die Vorglühzeit ist im Vergleich zum Dieselbetrieb deshalb verlängert. Glühzeitsteuerung und Absicherung müssen entsprechend angepasst werden. Ohne funktionierende Vorglühanlage ist ein Kaltstart im Winter nahezu unmöglich.

Die Kraftstoffvorwärmung auf ca. 70°C erfolgt in der Regel über elektrische Durchlauferhitzer und Heizmanschetten an den Kraftstofffiltern sowie über Wärmetauscher, die aus dem heißen Kühlwasser oder Motoröl versorgt werden. Um auch bei niedrigen Außentemperaturen die Kraftstoffförderpumpe nicht zu überlasten und einen ausreichenden Kraftstofffluss zu gewährleisten, kommen wärmegedämmte Kraftstoffleitungen mit größeren Querschnitten zum Einsatz. Manche Umrüster installieren sogar eine zusätzliche Kraftstoffförderpumpe.

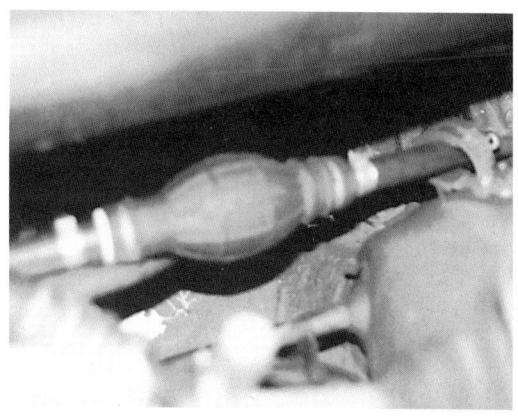

2.9: Handpumpe zum Entlüften

Nach Angaben der Umrüster sind Einspritzpumpen der Firma Lucas für den Pflanzenölbetrieb nicht geeignet, während Bosch-Pumpen in der Regel problemlos mit dem Pflanzenöl zurecht kommen. Bei Pumpen von anderen Herstellern erscheint es angebracht, sich von den Umrüstern oder Lieferanten des Bausatzes ausdrücklich bestätigen zu lassen, dass die eingesetzte Pumpe durch das Pflanzenöl keinen Schaden nimmt.

Vielfach wird bei der Umrüstung auch ein zweiter Kraftstofffilter parallel zum ersten installiert, der bei Bedarf von Hand zugeschaltet werden kann. Dies ist dann der Fall, wenn der Hauptfilter wegen Verschmutzung nicht mehr die maximale Fördermenge durchlässt bzw. wenn die Filterfläche bei niedrigen Außentemperaturen und/oder bei hohen Geschwindigkeiten nicht mehr ausreicht, um den Motor mit genügend Kraftstoff zu versorgen. Man merkt dies ganz deutlich, wenn der Wagen anfängt zu stottern, so, als würde der Sprit ausgehen. Wechseln Sie den verstopften Filter so bald wie möglich aus, damit nicht plötzlich beide verstopft sind und Ihr Fahrzeug liegen bleibt! Zur leichteren Entlüftung des Kraftstoffsystems nach dem Filterwechsel wird manchmal auch zusätzlich eine kleine Handpumpe eingebaut.

Bei Außentemperaturen unter 0°C empfehlen die Umrüster eine Beimischung von Dieselkraftstoff von bis zu 30%. Nach eigenen Erfahrungen reicht das aber bei -15°C und darunter nicht aus. Hier können schon 50% und mehr Dieselbeimischung nötig sein, vor allem, wenn das Fahrzeug über Nacht im Freien steht. Garagenfahrzeuge haben im Winter klare Vorteile. Das Versulzen des Rapsöls dauert bei gut gefülltem Tank auch bei sehr niedrigen Temperaturen relativ lange, so dass hier eine Dieselbeimischung erst sehr viel später erforderlich ist. Kehrt das Fahrzeug am Abend wieder in seine Garage zurück, kann oft auch ganz darauf verzichtet werden. Sobald Sie merken, dass das Fahrzeug vor allem im oberen Leistungsbereich nicht mehr richtig zieht oder anfängt zu stottern, sollten Sie unverzüglich Diesel zutanken.

Beim Zumischen ist zu beachten, dass sich das Pflanzenöl bei Kälte relativ schlecht mit Diesel mischt. Deshalb immer zuerst Pflanzenöl tanken und dann mit Dieselkraftstoff auffüllen. Den besten Mischeffekt würde man natürlich durch Vormischen im Kanister (Schütteln) erzielen, aber das ist in der Praxis wohl jedem zu aufwendig.

Durch die Dieselbeimischung kann sich das Abgasverhalten des auf Pflanzenöl umgerüsteten Motors verschlechtern. Daher sollte nur Diesel beigemischt werden, wenn der Betrieb des Fahrzeugs anderenfalls nicht mehr sichergestellt ist. Ein überraschender Wintereinbruch mit drastischem Temperatursturz, wie wir es Ende 2002 erlebten, kann das Fahrzeug also schon mal außer Betrieb setzen. Allerdings bleiben bei so niedrigen Temperaturen auch die Dieselfahrzeuge stehen. Da auch die Leitungen, die Kraftstoffpumpe und die Kraftstofffilter dann mit versulztem Pflanzenöl durchsetzt sind, hilft es nicht,

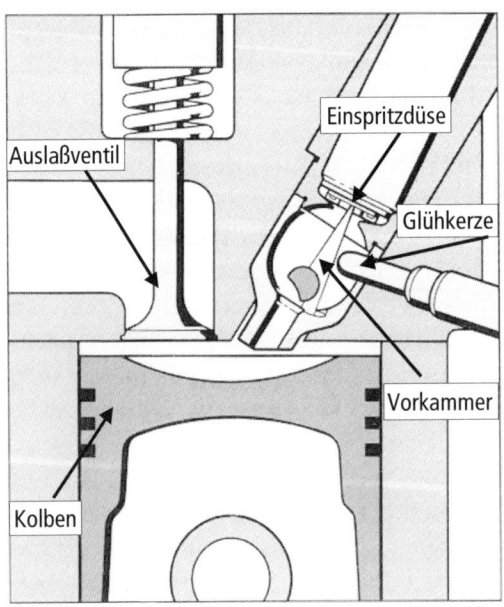

2.10: Vorkammer-Einspritzung Quelle: www.kfztech.de

Dieselkraftstoff nachzutanken. Sie müssen das Fahrzeug in eine warme Garage stellen, um alle Kraftstoff führenden Bauteile zu erwärmen. Dies kann je nach Temperatur in der Garage einen ganzen Tag und mehr an Zeit in Anspruch nehmen. Sollte der Fahrzeugtank dann auch noch mit Pflanzenöl voll gefüllt sein, müssen Sie Pflanzenöl herauspumpen oder ablassen, um Diesel zutanken zu können.

Der Hauptvorteil des Eintank-Systems ist die Möglichkeit, *ausschließlich* mit Pflanzenöl zu fahren, sieht man einmal von den Dieselbeimengungen bei sehr niedrigen Temperaturen ab. Außerdem kommt das Eintanksystem den Gewohnheiten des „konventionellen" Autofahrers entgegen: Er muss nicht seinen Kofferraum ausräumen, um Zweitkraftstoff zu tanken, braucht nicht kurz vor Fahrtende auf Dieselbetrieb umzuschalten und kann sein Reserverad in der Reserveradmulde belassen.

Die Kosten für den Umbau des Eintanksystems sind höher als für das Zwei-Tank-System. Je nach Motortyp (Nebenbrennraummotor oder Direkteinspritzer) müssen zwischen 1.200 und 4.800 € bezahlt werden. Autos mit Vorkammer-Dieselmotoren sind für diese Umbauvariante besonders geeignet (s. unten). Sie lassen sich relativ einfach und kostengünstig umbauen. Direkteinspritzverfahren und die neuen Pumpe-Düse- und Common-Rail-Einspritzsysteme sind technisch und deshalb auch preislich aufwendiger umzurüsten. Auch die Eintragungen beim TÜV sind umfangreicher als beim Zweitank-Umbau (siehe Kapitel TÜV).

Zwischen den Umrüstern gibt es trotz vermeintlich gleicher Umrüstvarianten z.T. große preisliche Unterschiede. Es lohnt sich hier immer, mehrere Angebote von verschiedenen Anbietern einzuholen und zu vergleichen. Auch für das Eintank-System werden Umrüstsätze zum Selbsteinbau ab 600 € angeboten.
Die Firma Elsbett (Thalmässing) bietet für 150 € zusätzlich eine Kontrolle der Einbauten an.

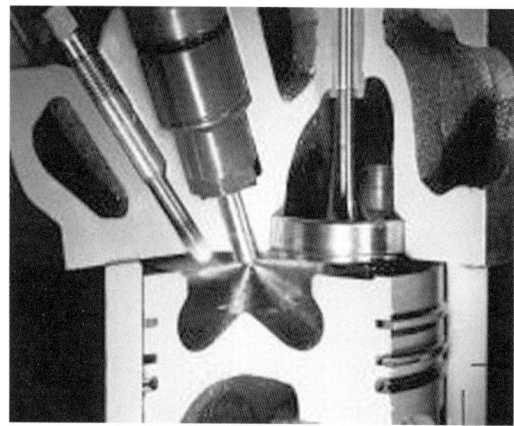

2.11:
Direkteinspritzer mit im Kolben liegendem Brennraum
Quelle: www.kfztech.de

Eintank-System bei Vor- und Wirbelkammermotoren

Bei den sogenannten Nebenbrennraummotoren wird der Kraftstoff in eine verhältnismäßig kleine, im Zylinderkopf angeordnete Vor- oder Wirbelkammer eingespritzt, die durch einen oder mehrere Kanäle mit dem Hauptbrennraum verbunden ist (Abb. 2.10). In der Vor- bzw. Wirbelkammer herrschen zum Einspritzzeitpunkt starke Luftwirbel vor, die sowohl durch die Geometrie der Vorkammer als auch durch das sehr schnelle Einströmen der Luft durch sehr kleine Eintrittsöffnungen zustande kommen. Als Einspritzdüsen werden Zapfendüsen mit relativ großen Spritzlöchern verwendet, die einen gebündelten Kraftstoffstrahl tangential zum Luftwirbel einspritzen. Es kommt zu einer feinen Verteilung der Kraftstofftröpfchen und einer intensiven Durchmischung mit der Verbrennungsluft, so dass eine gute Gemischbildung erreicht wird. Die ist auch beim Einsatz von Pflanzenöl trotz der gegenüber Dieselkraftstoff höheren Viskosität gegeben. Deshalb eignen sich Nebenbrennraummotoren besonders gut für eine kostengünstige Umrüstung auf Pflanzenölbetrieb. Leider sind diese Motoren aber technisch gesehen überholt und werden von vielen Herstellern heute nicht mehr angeboten.

Eintank-System bei Direkteinspritzern

Direkt einspritzende Dieselmotoren haben eine effektivere Verbrennung und erreichen dadurch höhere Wirkungsgrade, einen geringeren Kraftstoffverbrauch und bessere Abgaswerte.

Bei den Direkteinspritzern wird der Kraftstoff direkt in den Brennraum in eine Mulde im Kolbenboden eingespritzt (Abb. 2.11). Auch hier entsteht durch die geometrische Gestaltung der Luftansaugkanäle und des Kolbenbodens ein Luftwirbel, der jedoch während des Verdichtungstaktes zum Teil wieder verloren gehen kann und auf jeden Fall sehr viel schwächer ist als beim Nebenbrennraummotor. Um trotzdem eine gute Gemischbildung zu erzielen, muss der Kraftstoff daher entsprechend verteilt und fein zerstäubt in den Brennraum eingespritzt werden. In modernen Dieselmotoren werden zu diesem Zweck Mehrlochdüsen mit mehreren sehr kleinen Spritzlöchern eingesetzt, durch die der Kraftstoff unter hohem Druck gepresst wird. Die kleinen Spritzlöcher der Mehrlochdüsen sind natürlich sehr viel empfindlicher für Verunreinigungen und Ablagerungen als die Zapfendüsen der Vorkammermotoren mit ihrem großen Querschnitt.

Wegen der hohen Viskosität des Pflanzenöls ist dessen Zerstäubung vor allem in der Warmlaufphase schlechter als beim Dieselkraftstoff; am Lochaustritt der Düse sinkt der Druck sehr stark ab, der Kraftstoff wird nicht ausreichend zerstäubt, die Verbrennung ist dadurch unvollständig und es kommt zur Anlagerung von Verbrennungsrückständen an Kolben, Einspritzdüsen und Ventilen. Dadurch verschlechtert sich die Kraftstoffzerstäubung weiter. Der Motor rußt stark. Unverbrannter Kraftstoff gelangt auf den Kolbenboden, wo er langsam verkohlt. Die Verbrennung verläuft unsymmetrisch, dadurch wird der Kolben ungleichmäßig erhitzt, was bis zum Schmelzen des Kolbens und zu einer irreversiblen Zerstörung des Motors führen kann. Des weiteren gelangt unverbrannter Kraftstoff an die Zylinderwand und kann von dort in das Motoröl gelangen. Das führt zu Verklumpungen im Motoröl, in der Folge zu einer drastischen Verschlechterung der Schmiereigenschaften und – wenn das Öl nicht rechtzeitig gewechselt wird – schließlich zur Zerstörung des Motors.

Um solch unliebsamen Folgen entgegen zu wirken, sind bei direkt einspritzenden Motoren aufwendige Änderungen am Einspritzsystem nötig. Die Umrüstung ist in jedem Fall teurer als beim Eintank-System: Es kann nötig sein, modifizierte Einspritzdüsen mit größeren Spritzlöchern und eventuell Strahlwendelung sowie geänderte Düsenhalter einzubauen. Eine Vor- und Nachglühanlage, die im Dieselbetrieb oft nicht gebraucht wird, muss nachgerüstet werden. Manche Umrüster bieten zusätzlich noch sogenannte Nebenstromfilter für die kontinuierliche Reinigung des Motoröls an.

Andere Umrüstvarianten für Direkteinspritzer, die ausschließlich eine Erwärmung des Kraftstoffs vorsehen, sind nicht zu empfehlen. Wegen des hohen Entwicklungsaufwands wird das Eintank-System für Direkteinspritzer von Umrüstwerkstätten bisher nur für wenige Fahrzeugtypen angeboten.

Pumpe-Düse- und Common-Rail-Einspritzverfahren

Beide Verfahren stellen eine Weiterentwicklung des Diesel-Direkteinspritzers dar. Beim Pumpe-Düse-Einspritzverfahren von VW sind Einspritzpumpe und Einspritzdüse für jeden Zylinder separat in einem Bauteil zusammengefasst. Das System arbeitet mit Drücken bis zu 2000 bar und wird elektronisch gesteuert. Dies führt im Vergleich zur konventionellen Einspritzpumpentechnik zu einer Erhöhung von Drehmoment und Motorleistung sowie zu geringeren Abgasemissionen.

Beim Common-Rail-System (Mercedes, Peugeot, Toyota, Volvo u.a.) erzeugt eine Hochdruckpumpe Druck bis zu 1600 bar, der in der „Common Rail" (der gemeinsamen Leitung)

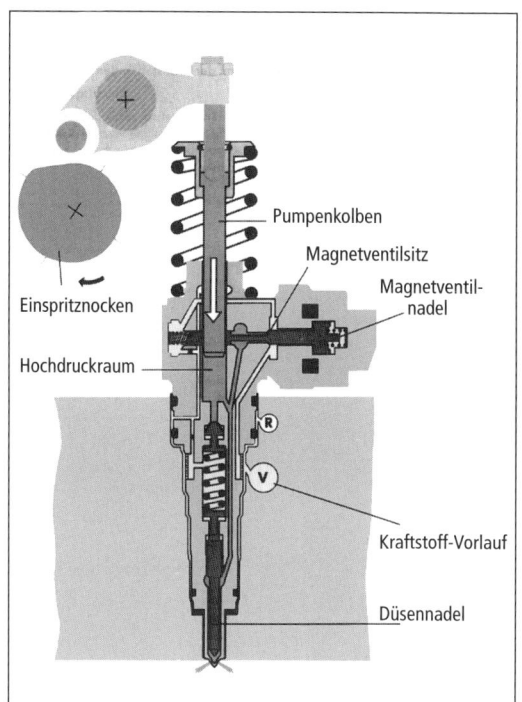

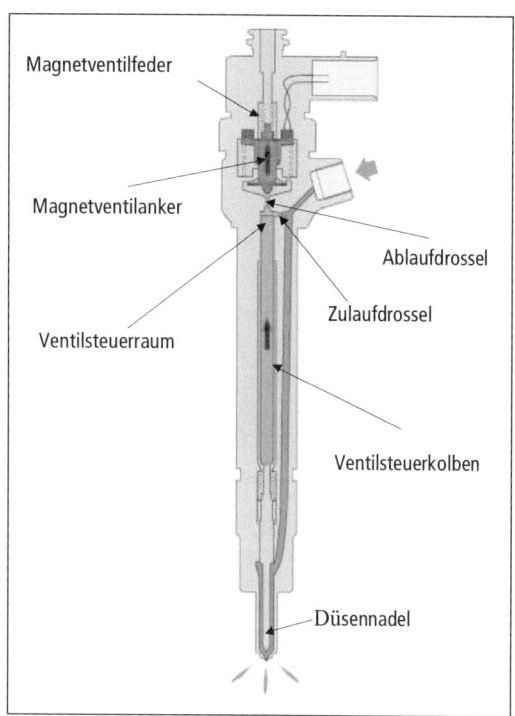

2.12: Pumpe-Düse-Einheit.
   Quelle: www.kfztech.de

2.13: Common-Rail-Einspritzsystem (Injection).
   Quelle: www.kfztech.de

kontinuierlich aufrechterhalten wird. Über kurze Einspritzleitungen wird der Kraftstoff den einzelnen Zylindern mittels so genannter Injektoren zugeführt. Eine elektronische Steuerung optimiert Einspritzzeitpunkt und Einspritzmenge für jeden einzelnen Zylinder in Abhängigkeit von Motordrehzahl und Betriebszustand. Auch dieses Verfahren führt zu deutlich verbessertem Abgasverhalten und geringerem Kraftstoffverbrauch.

Bisher bieten Umrüstfirmen den Umbau solcher Motoren bzw. Fahrzeuge erst vereinzelt an. Wirkliche Langzeiterfahrungen fehlen jedoch derzeit (2004).

Moderne, direkt einspritzende Dieselmotoren, insbesondere solche mit den technisch sehr komplexen Pumpe-Düse- oder Common-Rail-Einspritzsystemem und sehr hohen Einspritzdrücken, sind viel mehr von gleichbleibenden Kraftstoffeigenschaften abhängig als Vorkammermotoren. Beim Zweitank-System kann der Motor

in genau dem Moment mit Pflanzenöl betrieben werden, in dem der Kraftstoff seine optimale Temperatur erreicht hat. Dies ist beim Eintank-System nicht oder nur mit erheblich mehr Aufwand möglich. Daher erscheint uns das Zweitank-System für Fahrzeuge mit direkt einspritzenden Motoren grundsätzlich besser geeignet.

Der Elsbettmotor

Der Elsbettmotor ist der älteste pflanzenöltaugliche Motor und arbeitet nach dem von Ludwig Elsbett entwickelten Duotherm-Verfahren. Die Kraftstoffeinspritzung erfolgt über eine oder bei größervolumigen Motoren zwei selbstreinigende Einlochzapfendüsen. Die spritzen den Kraftstoff tangential zu der im Brennraum befindlichen starken Luftbewegung so ein, dass der Kraftstoff nicht mit metallischen Oberflächen in Berührung kommt. Im Inneren des kugelförmigen, im Kolben liegenden Brennraums ent-

Integrierte
Einspritzung

Duotherm-
Direkteinspritz-
Brennverfahren

Stahl-
gelenk-
kolben

Kühlung
mit
Schmieröl

2.14 *oben links*
Duothermisches Brennverfahren von Elsbett

2.15 *oben rechts*
Außenansicht eines Elsbett-Motors

steht eine heiße Brennzone, während im äuße-
ren, kühleren Bereich die Wärmeübertragung
an die Kolbenwand vermindert ist (duotherm).
Das Kolbenoberteil besteht aus Sphäroguss, einem Material, das die Wärme schlecht leitet.
Dadurch stellen sich höhere Temperaturen an
der Kolbenoberfläche ein. Der in seinem Wär-
mehaushalt optimierte Motor hat einen deutlich höheren Wirkungsgrad (ca. 40%) als konventionelle Diesel- oder Benzinmotoren (ca. 30
– 35%). Der reduzierte Kühlbedarf macht eine

2.16
6-Zylinder-Spezialmotor
für Pflanzenöl mit Dieselspülung der Firma AAN,
Nordhausen

aufwendige Wasserkühlung überflüssig, Kolbenboden und Zylinderwand werden durch eine Ölkühlung gekühlt. Der Motor ist in der Regel mit einem Abgasturbolader und einer Ladeluftkühlung ausgestattet.

Das Konzept des Elsbett-Motors wurde von den Autoherstellern jedoch nicht aufgegriffen. Die Motoren werden einzeln gefertigt, sind nur für wenige Modelle verfügbar und deshalb sehr teuer. Ein neues Aggregat kostet mit Einbau ab 13.000 €, je nach Fahrzeug und Motorleistung (Adresse siehe Anhang).

Spezialmotoren für Pflanzenöl

Verschiedene Firmen (Motorenwerk Löschenkohl MWS, Schönebeck; Anlagen- und Antriebstechnik AAN, Nordhausen; u.a.) bieten dem Elsbett-Prinzip ähnliche, direkt einspritzende, pflanzenöltaugliche Motoren mit einem Wirkungsgrad von über 40% an. Sie arbeiten mit im Kolben liegenden Brennräumen, Zapfen- oder Einlochdüsen und wenig wärmeleitfähigen Kolbenwerkstoffen. Diese Motoren kommen in geringer Stückzahl in Nutzfahrzeugen und in Blockheizkraftwerken zum Einsatz.

2.3 Betrieb von Last- und Nutzfahrzeugen mit Pflanzenöl

Traktoren

Die Verwendung von Pflanzenöl als Treibstoff in der Landwirtschaft gewinnt deutlich an Bedeutung. Die Steuersubvention von ca. 15 Cent pro Liter, welche die Landwirte auf ihren Kraftstoff, den so genannten „Agrardiesel", erhalten, ist stark in der öffentlichen Diskussion und wohl nicht mehr lange zu halten.

Die technischen Anforderungen an einen Schleppermotor sind nur teilweise mit dem eines PKWs zu vergleichen. Schleppermotoren arbeiten häufig, wie z.B. beim Pflügen, an ihrer oberen Leistungsgrenze, während PKWs oft im Teillastbereich (z.B. im Stadtverkehr) fahren. Deshalb wurde 2001/02 das sogenannte 100-Schlepper-Programm des Bundes ins Leben gerufen, um fünf verschiedene Umrüstsysteme an diese besonderen Bedingungen anzupassen, zu testen und auszuwerten. Teilgenommen haben die in Tabelle 2.2 aufgelisteten Firmen. Die Fir-

2.17
Pflanzenölschlepper
des städtischen Gutes
Karlshof, München

ma TC Basdorf ist wegen eines untauglichen Umrüstkonzepts ausgeschieden.

Die Umrüstsysteme unterscheiden sich im Lösungsansatz: Es gibt Eintank- und Zweitank-Systeme sowie darüber hinaus solche mit anderen bzw. weitergehenden Maßnahmen. Verständlicherweise wollen sich die Umrüster nicht so genau in die Karten schauen lassen. Grundsätzlich gilt auch hier: Je moderner und somit komplexer das Kraftstoffsystem, desto aufwendiger ist die Umrüstung. Allen Umrüstvarianten gemeinsam sind die Kraftstoffvorwärmung und die Verwendung größerer Querschnitte bei den Kraftstoffleitungen.

Folgende Erkenntnisse können aus dem Schlepper Programm gewonnen werden:

1. Hauptgrund für viele technische Probleme wie z.B. defekte Einspritzpumpen, festsitzende Ventile, verstopfte Filter u.ä. war unsauberer Kraftstoff. Obwohl als Kraftstoff deklariert, halten offenbar viele Ölhersteller die Kennwerte des Weihenstephaner Standards bei weitem nicht ein. Hier ist für den Verbraucher dringend eine Qualitätssicherung notwendig, ähnlich wie es sie für Biodiesel inzwischen gibt.

2. Die Bosch Einspritzpumpe VP44 und die Einspritzpumpe Stanadyne sind für einen Pflanzenölbetrieb nicht tauglich, während das Pumpe-Leitung-Düse-System der Firma Deutz pflanzenöltauglich ist.

3. Der Pflanzenölbetrieb macht kürzere Ölwechselintervalle notwendig.

4. Die umgerüsteten Traktoren erfüllen alle die Abgasvorschrift COM 1, für die Einhaltung von COM 2 und COM 3 sind noch weitere Anpassungen nötig.

5. Bei einigen Schleppern führte die Umrüstung zu Leistungseinbußen, bei anderen wurden sogar Leistungssteigerungen beobachtet (siehe Abb. 2.17).

Traktoren im 100-Schlepper Programm		
Umrüster	Anzahl	Traktortyp
Gruber KG	10	Case
Igl-Landtechnik	1	Case
Firma Hausmann	18	Fendt
	6	John Deere
	4	Case
	1	Deutz Fahr
	1	Claas
	1	Same
	1	Lamborghini
LBAG Lüchow	4	Fendt
	1	New Holland
Stangl-Landtechnik/NETec	2	John Deere
VWP	41	Deutz Fahr
	7	John Deere
	6	Fendt
	1	Welte
	1	New Holland

Tabelle 2.2
Umrüster und Traktoren im 100-Schlepper-Programm

Ökonomische Überlegungen zum Rapsöleinsatz		
	Vorsteuerabzugsberechtigt	nicht Vorsteuerabzugsberechtigt
Tankstellenpreis Diesel	90,23 ct/l	90,23 ct/l
- 5% Mengenrabatt	– 4,51 ct/l	– 4,51 ct/l
Bezugspreis	85,72 ct/l	85,72 ct/l
Mehrwertsteuer	– 12,44 ct/l	— ct/l
Gasölverbilligung	– 21,48 ct/l	– 21,48 ct/l
Effektivpreis Diesel	**51,80 ct/l**	**64,24 ct/l**
Rapsöl-Erzeugungspreis (börsennotiert)	54,00 ct/l	54,00 ct/l
Zuschlag wg. Mehrverbrauch*	2,95 ct/l	2,95 ct/l
Substitutionspreis Rapsöl	56,95 ct/l	56,95 ct/l
Preisvorteil (+) bzw. Preisnachteil (–) b. Rapsölnutzung	**– 5,15 ct/l**	**+ 7,29 ct/l**

* Heizwertdifferenz = 5,46%
Bezugsquelle: Dr. Keymer, Bayerische Landesanstalt für Landwirtschaft LfL

Tabelle 2.3
Ökonomische Überlegungen zum Rapsöleinsatz in der Landwirtschaft [24].

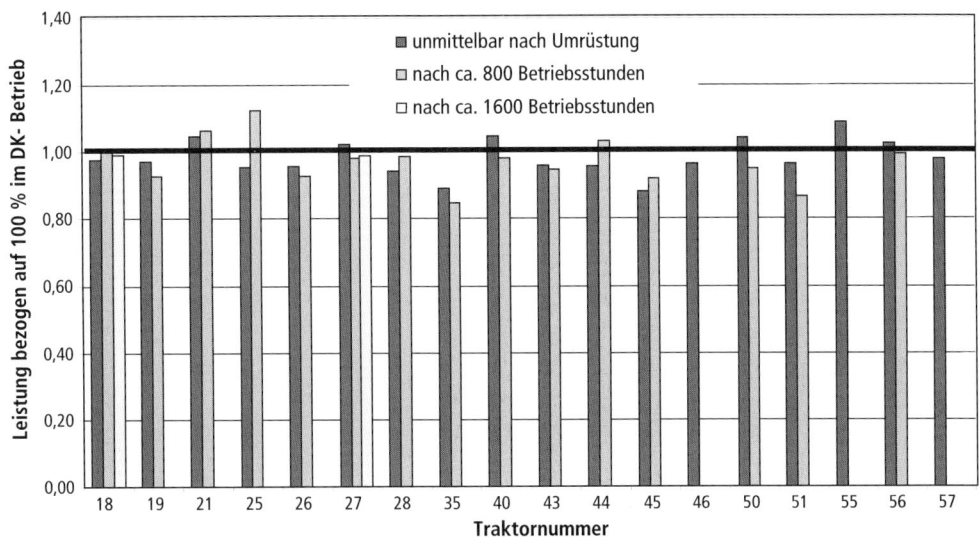

2.18: Leistung verschiedener Traktoren bei Umstellung auf Pflanzenölbetrieb [24].

Eigene Erfahrungen mit einem Pflanzenöl-schlepper der Marke Deutz-Fahr mit Eintank-System sind nach mehr als 1300 Betriebsstunden durchweg positiv. Es traten keinerlei Probleme auf, die auf den Pflanzenölbetrieb zurückzuführen wären.

Der sichere Kaltstart im Winter kann durch eine Vorwärmvorrichtung am Motor gewährleistet werden. Hierbei wird ein bis zwei Stunden vor dem Start – über eine Zeitschaltuhr gesteuert – eine elektrische Heizmanschette eingeschaltet, die den Motorblock bis zur gewünschten Startzeit auf ca. 40°C erwärmt. Die Heizmanschette wird aus dem öffentlichen Stromnetz, also nicht über die Fahrzeugbatterie mit Strom versorgt. Von außen zu sehen ist nur ein aus dem Motorblock ragendes Kabel mit Stecker zum Anschluss an das 230 V-Netz.

Zu beachten ist auch, dass bei längerem Standgasbetrieb besonders im Winter die Motortemperatur u.U. so weit absinkt, dass eine ausreichende Viskosität des Pflanzenöls nicht mehr sichergestellt ist. Dadurch können ähnliche Probleme wie beim Kaltstart (unvollständige Verbrennung, Verkokung etc.) auftreten. Deshalb lieber den Schlepper abschalten als eine halbe Stunde im Standgas stehen lassen!

Die heutigen modernen Ackerschlepper sind alle mit direkt einspritzenden Dieselmotoren ausgestattet. Hier ist das Zweitank-System aus den oben beschriebenen Gründen für die Umrüstung besser geeignet, in jedem Falle aber in finanzieller Hinsicht deutlich günstiger.

Die Kosten für die Schlepperumrüstung belaufen sich, wiederum je nach Umrüstvariante, Umrüstfirma und Schleppergröße, auf 1.200 bis 14.000 € zuzüglich Mehrwertsteuer (Adressen im Anhang).

Die Wirtschaftlichkeit der Investition ist abhängig vom Dieselpreis und von der jährlichen Betriebszeit. Aufgrund des steuerlich begünstigten „Agrardiesels" ist ein finanzieller Vorteil derzeit ohne Förderung schwer erreichbar (siehe Tab. 2.3). Das kann sich ändern, wenn die Steuervergünstigung mittelfristig abgeschafft wird. Für Unternehmen in der Landschaftspflege oder Kommunen, die kein verbilligtes „Agrardiesel" beziehen können, ist der Einsatz von Pflanzenöl schon jetzt wirtschaftlich.

2.19
Umgerüsteter LKW mit Zweitank-System der Firma 3E GmbH, Nortorf

Für die umweltsensible Landwirtschaft bietet sich mit der Pflanzenölproduktion die Chance, als Erzeuger und Verbraucher ihres eigenen, umweltfreundlichen Kraftstoffs aufzutreten. Dadurch machen sie sich ein Stück unabhängiger und die Wertschöpfung bleibt voll in der Hand der Landwirtschaft und in der Region. Mit dem Mischfruchtanbau kann sogar neben der Hauptfrucht der Anteil Pflanzenöl, der zur Bestellung, Pflege und Ernte des Ackers benötigt wird, gleichzeitig erzeugt werden. Das ist tatsächlich Kreislaufwirtschaft und praktizierte Nachhaltigkeit.

Das 100-Schlepper-Programm hat in der Landwirtschaft großes Interesse geschaffen. Jetzt wäre es wünschenswert, durch ein staatliches Markteinführungsprogramm die Umbaukosten für Schlepper so weit zu senken, dass trotz des gegebenen Kostenrahmens eine wirtschaftliche Umrüstung möglich ist.

Busse, Kleintransporter, LKWs, Nutz- und Sonderfahrzeuge

Es gibt inzwischen zahlreiche Firmen, die ihren Fuhrpark mit Pflanzenöl betreiben: Taxi-, Autoverleih- und Busunternehmer, LKW- und Transportfirmen sowie Betreiber von Pisten- und Offroadfahrzeugen. Die Entscheidung für die Pflanzenöltechnik fällen die meisten Firmen aufgrund von wirtschaftlichen *und* ökologischen Überlegungen. Ein weiterer wichtiger Aspekt ist die öffentlichkeitswirksame Darstellung als verantwortungsvolles und umweltbewusstes Unternehmen.

Während sich bei Taxis, Leihwagen und Kleintransportern auch Eintank-Umrüstungen finden, kommt bei größeren Nutzfahrzeugen und LKWs ausschließlich das Zweitank-System zum Einsatz. Die Gründe dafür liegen wieder in der größeren Wintersicherheit dieser Umbauvariante, in der Nutzung der in der Regel schon vorhandenen Standheizung sowie darin, dass am Motor selbst keine Veränderungen vorgenommen werden müssen. Außerdem sind die Um-

2.20
Pflanzenöltauglicher LKW im Eintanksystem (Firma VWP, Entwicklung für den südamerikanischen Markt).

rüstkosten dieser Lösung günstiger. Wenn man bedenkt, dass solche Transporter nach zwei bis vier Jahren ausgetauscht werden, muss sich die Pflanzenöltechnik in dieser Zeit finanziell entsprechend amortisieren.

Die Firma Elsbett (Thalmässing) vertreibt ein Zweitank-System als Umrüstsatz für LKWs verschiedener Typen auch zum Selbsteinbau. Der Preis liegt bei ca. 4.000 € (zuzüglich Mehrwertsteuer). In Anbetracht der Kilometerleistung und des Kraftstoffverbrauchs von Schwerlastern amortisieren sich die Umrüstkosten in kurzer Zeit, so dass die Maßnahme in hohem Maße wirtschaftlich ist.

Allerdings ist der Bezug von qualitativ hochwertigem Pflanzenöl im Ausland oftmals problematisch. Daher muss entweder Ersatzkraftstoff mitgeführt werden, was die Zuladung verringert, oder es muss Diesel getankt werden. Beides beeinflusst die Wirtschaftlichkeit der Umrüstmaßnahme zunächst negativ.

Im folgenden sollen beispielhaft einige Anwender vorgestellt werden.

Omnibusverkehr

Ein schönes Beispiel für die Pflanzenölnutzung in Bussen bietet die Firma Bühler GmbH in Wilhelmsdorf. Christof Bühler setzt mittlerweile 20 mit Pflanzenöl betriebene Omnibusse im Nahverkehr und als Reisebusse ein. Im Juni 2000 wurde begonnen, sie mit dem Zweitank-System der Firma Biocar, München auszurüsten. Mittlerweile wurden insgesamt 400.000 Liter Rapsöl verbraucht: Bei einer jährlichen Transportleistung von 1,7 Millionen km wurden damit 1120 Tonnen an CO_2-Emissionen vermieden.

Nach Angaben des Unternehmens ist der Kraftstoffverbrauch der Busse gleich geblieben. Das Drehmoment erreicht sein Maximum bei niedrigerer Drehzahl als im Dieselbetrieb. Insgesamt zeigen die Busse im Betrieb keine Auffälligkeiten. Der zweite Tank wird in einem der Gepäckräume installiert. Mittlerweile führt die Firma

2.21 *oben und unten*
Das Omnibusunternehmen Bühler in Wilhelmsdorf hat inzwischen 20 Busse auf Pflanzenöl umgestellt.

2.22
René Günther aus Berlin fährt sein Taxi seit 2 Jahren mit gebrauchten Fetten aus der Gastronomie.
Foto: Marcus Franken

den Einbau des Zweitank-Systems selbst durch. Auf die Schulung des Personals wird besonders Wert gelegt. Die Fahrer müssen die Umrüstkomponenten kennen und das System verstehen. Sie müssen zuverlässig vor Fahrtende auf Dieselbetrieb umschalten und auch mal in der Lage sein, einen Kraftstofffilter zu wechseln oder das Kraftstoffsystem zu entlüften.

Milchtransporte Schäffer (Aichach)

Zwei MAN-LKWs, die Milch transportieren, wurden im April 2001 in Eigenleistung mit einem Zweitank-System ausgerüstet. Die 400 PS Motoren (Direkteinspritzer) erreichen eine monatliche Kilometerleistung von 10.000 km und sind inzwischen mehrere 100.000 km mit Pflanzenöl gefahren. Der Kraftstoffverbrauch ist mit durchschnittlich 35 – 36 l/100 km leicht gestiegen (vorher lag er bei 33 - 34 l/100 km), bei gleichbleibender Leistung. Für die Firma bedeutet dies pro LKW eine Kostenersparnis bis zu 1000 € im Monat. Die Ölwechselintervalle wurden gedrittelt. Auch im Winter bis -10°C traten keine Probleme auf

Auch größere und Großunternehmen wie der Babynahrungshersteller Hipp, der Münchner Großbäcker „Hofpfisterei", die Hermannsdorfer Landwerkstätten aus Glonn bei Ebersberg und die Neumarkter Lammsbräu betreiben Teile ihrer Flotte mit Pflanzenöl (Abb. 2.23).

Eine Besonderheit gibt es bei der Neumarkter Lammsbräu: Die Firma lässt Leindotter für die Kraftstoffgewinnung zusammen mit der Braugerste im sogenannten Mischfruchtanbau auf einem Feld anbauen. Auf diese Weise werden Gerste als Rohstoff für das Bier und Kraftstoff für die Auslieferung desselben gleichzeitig gewonnen.

Lokomotiven

Die Prignitzer Eisenbahn Gesellschaft (PEG) ist das erste Deutsche Bahnunternehmen, das seine Loks im Personen- und Güterverkehr ausschließlich mit reinem Pflanzenöl betreibt. Mittlerweile ist sie in drei Bundesländern tätig (Tabelle 2.4). Es werden nicht nur der Personennahverkehr der Prignitzer Eisenbahn, sondern auch das Cargo-Geschäft mit Pflanzenöl abgewickelt. Die Rangierloks sind alle pflanzenöltauglich und die Triebwagen sollen Schritt für Schritt umgerüstet werden. Da es für Eisenbahnen keine Mineralölsteuervergünstigung und

2.23
Die Neumarkter Lammsbräu-Brauerei hat ihre Lkws mit einem Zwei-Tank-System für Pflanzenölbetrieb ausgerüstet.

2.24
Die Stadt Aachen hat ihre Kehrmaschinen ebenfalls auf den Kraftstoff Pflanzenöl umgerüstet.

nur für den Personennahverkehr eine Bezu-
schussung des Kraftstoffverbrauchs (z.Zt. 6 Ct
pro Liter) gibt, sind die Umrüstmaßnahmen
wirtschaftlich. Laut Dr. Bacher von PEG haben
sich die Investition schon rentiert, sie fahren in
jedem Fall mit Rapsöl günstiger.

Das Öl bezieht die PEG von Ölmühlen aus Nord-
deutschland. Da der Preis für Pflanzenöl nicht
den täglichen Schwankungen wie für Dieselkraftstoff unterliegt, werden nach regelmäßigen Preisabfragen mit den Ölmühlen Kontrak-
te über mehrere Monate im voraus geschlos-
sen. Dadurch hat das Unternehmen für einen
längeren Zeitraum Planungs- und Kostensicher-
heit und ist nicht wie bei Dieselkraftstoff den
täglichen Preisschwankungen unterworfen. Für
die Zukunft wird auch an eine eigene Ölproduktion gedacht.

Großvolumige Eisenbahnmotoren mit Leistungen bis zu 2000 PS eignen sich besonders für
den Pflanzenölbetrieb. Die technischen Anforderungen und Problematiken sind grundsätzlich gleich wie bei den PKWs. Bis 2003 kamen
ausschließlich Vorkammermotoren zum Einsatz.
Diese liefen nach Angaben des Unternehmens
ohne jede Störung. Seit März 2004 werden erste Erfahrungen mit einem direkteinspritzenden
Motor gemacht. Hier zeigt sich schon die sen-
siblere Technik in kürzeren Ölwechselintervall-
len.

Die Motoren, Direkteinspritzer und Vorkammerdiesel mit einem Hubraum von 10 l bis 150 l,
werden in der eigenen Werkstatt umgerüstet.
Das Unternehmen ist Lizenznehmer der Firma
Elsbett (Thalmässing), unterhält aber auch eine
eigene Abteilung für Forschung und Entwicklung, deren Schwerpunkt die Weiterentwicklung
der Pflanzenöltechnologie für Schienenfahrzeu-
ge ist. Die PEG möchte das Betriebskonzept als
Gesamtpaket auch anderen interessierten Eisen-
bahngesellschaften anbieten, angefangen von
der Umrüstung der Triebwagen bis hin zur Umstellung und Anpassung der Logistik und Infra-
struktur. Ein erster Auftrag ist nun in Sicht, die

Pflanzenöl-Triebwagen der Prignitzer-Eisenbahn-Gesellschaft			
Betrieb seit	Bundesland	Anzahl Triebwagen	Jahresleistung Zugkilometer
1996	Brandenburg	6 Triebwagen	1,25 Mio.
2002	Mecklenburg-Vorpommern	7 Triebwagen	1,07 Mio.
2002	Nordrhein-Westfalen		730.000

Tabelle 2.4
Die Prignitzer Eisenbahn Gesellschaft betreibt ihre Flotte
ausschließlich mit Pflanzenöl.

2.24 *oben und unten*
Pflanzenöllloks der Prignitzer Eisenbahn Gesellschaft

Hohenzollerische Landesbahn in Villingen-Schwenningen soll auf Pflanzenöl umgerüstet werden.

Obwohl die Umstellung von Schienenfahrzeugen auf Pflanzenöl aus ökonomischer Sicht sinnvoll ist, hat das Beispiel bisher keine Nachahmer gefunden. Die Gründe dafür sind hier wie in anderen Anwendungsbereichen dieselben: Angst vor dem Neuen, vor technischen Störungen, vor Problemen beim Ölbezug usw.

Bei der Abwägung der Argumente für die Pflanzenölnutzung im Vergleich zum konventionellen Dieselbetrieb und bei der Entscheidung für die notwendigen Investitionen hat der ökologische Aspekt nach Angaben des Unternehmens einen hohen Stellenwert gehabt. Eine große Rolle spielte in diesem Zusammenhang die risikolose Treibstofflagerung und Betankung, vor allem in Ballungs- und Wasserschutzgebieten. Für die Pionierleistungen bei der Nutzung umweltfreundlicher Antriebsenergien hat das Prignitzer Eisenbahn-Unternehmen den Deutschen Solarpreis 2001 erhalten. Außerdem bekam das Unternehmen für seine besonderen Leistungen bei der Fahrgastbetreuung und im Zugservice den Deutschen Schienenverkehrspreis 1999 und war 2001 für den Kienbaum-Dienstleistungspreis nominiert. Ein sehr schönes Beispiel, das hoffentlich bald Schule macht.

Schiffe

Obwohl Seen, Flüsse und Meere zu den umweltsensibelsten Bereichen zählen und vielfach sogar als Trinkwasserressourcen dienen, ist gerade in diesem Bereich die Verwendung von Pflanzenöltreibstoff bisher kaum verbreitet.

Das erste Unternehmen, das Pflanzenöl getriebene Schiffsmotoren anbot und selbst ausprobierte, ist die Firma Krahwinkel in Lahnstein. Seit 1994 arbeitet sie in diesem Bereich und bietet mittlerweile pflanzenöltaugliche Motoren mit und ohne Wendegetriebe sowie mit Saildrive in verschiedenen Leistungsklassen an. Erwähnenswert ist auch, dass die Firma Krahwinkel den Antrieb des unabhängigen Forschungs-U-Bootes Lula auf Pflanzenöl umgerüstet hat.

Mittlerweile gibt es erste Ansätze einer Veränderung und einige wenige Firmen bieten Umrüstungen und Schiffsmotoren an: Firma Krahwinkel (Lahnstein), Firma HeiPro (Karwesee), Firma Greten-Technik (Hannover) und der Motorenhersteller MWS (Schönebeck).

Zum Einsatz kommen sowohl spezielle Pflanzenölmotoren als auch umgerüstete Dieselmotoren verschiedener Hersteller in den ganz unterschiedlichen Leistungsbereichen. Das Eintank-System wird vorwiegend für Vorkammermotoren kleinerer Leistungen eingesetzt, das Zweitank-System kommt überwiegend für größere direkt einspritzende Motoren zur Anwendung. Die Anforderungen an den Motor und die notwendige Technik sind im Prinzip mit den PKW- und LKW-Konzepten vergleichbar. Die Umrüstung kostet ab 2500 € im unteren Leistungsbereich und ist vergleichsweise kostengünstig gemessen am Preis eines Bootes.

Trotzdem ist die Nachfrage nach Booten, die mit Pflanzenöl angetrieben werden, relativ gering;

2.25
Das erste mit Pflanzenöl betriebene Boot (Rapsi 1 bis 4 der Fa. Krahwinkel, Lahnstein)

bei privater Nutzung liegt das hauptsächlich an den wenigen Betriebsstunden, die solche Motoren im Einsatz sind. Bei durchschnittlichen Betriebszeiten von 30 bis 100 Stunden im Jahr für Sport- und Motorboote sind die Kraftstoffkosten so niedrig, dass eine Amortisation der Umrüstkosten nicht möglich ist.

Beispiele für die Pflanzenölanwendung in der Binnenschifffahrt gibt es bislang unseres Wissens nicht. Auch Biodiesel findet in der Schifffahrt kaum Anwendung. Am Bodensee, der ja gleichzeitig Trinkwasserreservoir für ein großes Einzugsgebiet ist, wird versucht, durch ein Demonstrationsprojekt die Nutzung von RME-Treibstoff in Motorbooten zu fördern. Die bisherigen Erfahrungen sind durchwegs positiv.

Am Tegernsee fuhr fünf Jahre lang ein Ausflugsdampfer mit Biodiesel. Das Projekt wurde aber wieder eingestellt. Folgende Gründe waren dafür ausschlaggebend:

2.26: KPM-Schiffsmotor für Pflanzenöltreibstoff

- RME war im Vergleich zum steuerbegünstigten Dieselkraftstoff viel zu teuer.
- Der Zapfhahn der RME-Zapfsäule schaltete nicht automatisch ab, so dass die Gefahr des Überlaufens bestand (dieses Problem ist heute gelöst).
- Intensivere Wartung ist notwendig: Die Einspritzpumpe musste täglich gespült werden, um Verstopfungen zu vermeiden.
- Die Fahrgäste monierten den Geruch; an Diesel ist jeder gewöhnt, an den Geruch nach „Frittenbude" dagegen nicht.
- Es fehlte an Betreuung durch die Projektinitiatoren.

Alle genannten technischen Defizite sind heute gelöst. Pflanzenöltaugliche Zapfhähne werden bereits angeboten, pflanzenöltaugliche Einspritzpumpen sind am Markt. Der Frittenbudengeruch wird mit dem Einbau eines Oxidationskatalysators vertrieben. Jetzt kommt es nur noch auf ein wirklich sauberes, den Standards entsprechendes Pflanzenöl und den entsprechenden Dieselpreis an, um der Schifffahrt neue

2.27

Diese auf den Naturtreibstoff Pflanzenöl umgerüstete Segelyacht des Typs Sportina 760 misst 8,20 m in der Länge und ist 2,50 m breit. Der eingebaute Nanni Diesel-Motor wurde mit dem ATG/HeiPro-Marine Umrüstsatz ausgerüstet. Der Motor wurde auf die Führerscheinfrei-Grenze von unter 3,69 kW gedrosselt, somit ist diese Sportina 760, ohne Sportboot-Führerschein fahrbar.

Impulse für die Pflanzenölnutzung zu geben. Ein weiterer Grund für die geringe Nutzung von Pflanzenölkraftstoffen ist die Steuerbegünstigung von Dieselkraftstoff für alle, die gewerblich Personen oder Sachen auf deutschen Seen und Flüssen transportieren. Und da es um die Wirtschaftlichkeit der Binnenschifffahrt sowieso nicht gut bestellt ist, bleibt die Nachfrage nach den teureren Bio-Kraftstoffen gering. Die ganz großen Transportschiffe fahren in der Regel mit einem Gemisch aus Diesel und Schweröl und die Hochseeschiffe nutzen gar die sogenannten Bunkeröle, die um einiges billiger sind als Dieselkraftstoff.

Andererseits ist es nur schwer verständlich, dass gerade auf den Gewässern die Pflanzenöl-Nutzung so schleppend vorankommt, wo doch schon ein Tropfen Dieselöl ausreicht, um 10 Liter Wasser zu verunreinigen. Sowohl in der Privat- als auch in der Berufsschifffahrt kommt es immer wieder zu Ölverlusten: Bei kleineren Schiffen ist das Tanken mit Kanistern aus Kostengründen durchaus üblich und Gewässerverunreinigungen durch Diesel entsprechend häufig. Auch das Leerfahren des Tanks und das anschließend notwendige Entlüften der Kraftstoffleitungen führt immer wieder zu Dieseleintrag ins Wasser. Im schlimmsten Falle führt eine Havarie oder der Untergang eines Bootes zum kompletten Auslaufen des Kraftstoffs. Insofern könnte die konsequente Anwendung von Pflanzenöl in der privaten und öffentlichen Binnenschifffahrt helfen, solche Umweltschäden einzudämmen.

2.4 TÜV, Herstellergarantie und Steuervergünstigung

TÜV-Abnahme

Zum Thema Zulässigkeit von Umrüstmaßnahmen heißt es dazu in der StraßenverkehrsZulassungsOrdnung: „Die Betriebserlaubnis eines Dieselfahrzeugs erlischt nicht, wenn das Fahrzeug anstelle von Dieselkraftstoff mit Pflanzenöl oder RME betrieben wird, sofern keine Fahrzeugteile verändert wurden, deren Beschaffenheit vorgeschrieben ist (§ 19 StVZO)".

Bei den *Zweitank-Systemen* kommt es in der Regel nicht zu einer Veränderung solcher in ihrer Beschaffenheit klar definierten Fahrzeugteile. Es werden lediglich ein zweiter Tank, die Kraftstoffvorwärmung und die Steuerung der Kraftstoffzuführung (Umschalteinheit) installiert. Die Eintragung der Umbaumaßnahmen für das Zweitank-System bei einer amtlichen Überwachungsorganisation (TÜV, Dekra etc.) ist deshalb normalerweise ausreichend und unproblematisch.

Für die Kraftstofftanks muss die Lieferfirma ein so genanntes Teilegutachten vorlegen, das die Tauglichkeit der Teile bescheinigt. Die Prüfstelle kontrolliert den ordnungsgemäßen Einbau und bestätigt diesen. Durch das Gewicht des Zusatztanks vermindert sich die maximale Zuladung des Fahrzeugs. Auch das wird in den Fahrzeugpapieren vermerkt. Für Kontrolle und Änderung der Fahrzeugpapiere fallen Kosten von ca.130 € an. Für die zusätzliche Abnahme und Eintragung der Standheizung ist mit Mehrkosten von ca. 45 € zu rechnen.

Beim *Eintank-System* werden jedoch in der Regel Einzelteile des Kraftstoffsystems, z.B. die Einspritzdüsen, verändert. Eine Vorführung beim TÜV ist unbedingt und unverzüglich nötig, um nicht Gefahr zu laufen, dass die Betriebserlaubnis des Fahrzeugs durch die Umbaumaßnahmen erlischt. Die Umrüster haben für die gängigen Fahrzeugtypen auf die Umrüstmaßnahmen abgestimmte Teilegutachten vorliegen und übernehmen normalerweise auch die TÜV-Abnahme und die Eintragungen in die Kfz-Papiere. Falls dies im Angebot nicht ausdrücklich enthalten ist, sollte es vor der Auftragsvergabe zusätzlich verlangt werden!

Wer das Fahrzeug im Selbstbau umrüstet, sollte sich von der Lieferfirma des Umrüstsatzes oder der Einzelteile die nötigen Teilegutachten vorlegen lassen, um Schwierigkeiten bei der Abnahme durch die Prüfstelle zu umgehen.

Sollten bei einer Eigenumrüstung mittels Bausatz Schwierigkeiten beim TÜV auftreten, ist es ratsam, den Prüfer zu einem Anruf bei einem „kundigen" Kollegen zu veranlassen, der mit der Problematik vertraut ist. Die Bausatzlieferanten können in der Regel fachkundige TÜV-Dienststellen und Ingenieure benennen, die gerne weiterhelfen.

Herstellergarantie

Die Hersteller der Umbausätze und auch die Umrüster haben kaum Einflussmöglichkeiten auf den verwendeten Kraftstoff. Wird ein Zweitank-Fahrzeug beispielsweise mit ungereinigtem Altfrittenöl betrieben und kommt es dadurch zu Problemen mit der Einspritzpumpe, übernimmt der Bausatzhersteller dafür verständlicherweise keine Haftung. Deshalb geben die Hersteller von Umrüstsätzen im Normalfall nur eine Garantie auf die von ihnen gelieferten Teile. Die Garantieleistung erlischt im Regelfall, wenn an den Teilen etwas verändert wird. Das TÜV-Gutachten wird mit dem Umrüstsatz mitgeliefert.

Die Umrüster geben vereinzelt entweder für eine begrenzte Kilometerzahl oder für einen Zeitraum von 12 - 24 Monaten Garantie auch auf den Motor. Auf jeden Fall sollte der Umrüster eine Garantie von mindestens einem Jahr anbieten.

Nach unserer Erfahrung zeigen sich die Umrüster, sofern ein Schaden nachweislich auf den Pflanzenölbetrieb zurückzuführen ist, sehr bemüht um kulante Schadensbeseitigung, denn jedes liegengebliebene Auto ist eine Negativwerbung für sie selbst.

Als Kunde sollten Sie auf jeden Fall eine Garantie verlangen und die Garantieregelungen vor der Umrüstung klar vereinbaren. Dass sich in diesem Servicesegment etwas tut, macht die Autofirma Skoda deutlich: Sie bieten bereits umgerüstete Neufahrzeuge mit voller Motorgarantie an (Adressen siehe Anhang).

Steuervergünstigung

Umgerüstete Fahrzeuge erhalten keine Vergünstigung bei der Kfz-Steuer. Das Fahrzeug wird wie ein normales Dieselfahrzeug eingestuft. Pflanzenöl und auch Biodiesel sind jedoch von der Mineralölsteuer befreit und werden dies nach einem Beschluss des Bundestages vom Juni 2002 mindestens bis Ende 2009 auch bleiben. Nur aufgrund dieser Steuerbefreiung sind biogene Treibstoffe vom Preis her gegenüber Dieselkraftstoff konkurrenzfähig.

2.5 Abgasverhalten von Pflanzenölmotoren

Wie bei jedem Verbrennungsvorgang entstehen auch bei der Verbrennung von Pflanzenölen Abgase. Aber wie sind sie in ihrer Zusammensetzung und Menge im Vergleich zu Dieselkraftstoff zu beurteilen? Gibt es Unterschiede zwischen naturbelassenem und verestertem Pflanzenöl? Wie verhalten sich Mischungen aus Die-

selkraftstoff und Pflanzenölen bezüglich ihrer Abgasemissionen?

In Anbetracht der vielfältigen Einflüsse auf den Verbrennungsprozess im Motor fallen eindeutige Antworten auf diese Fragen nicht ganz leicht. Denn der Verlauf des Verbrennungsvorganges beeinflusst die Abgaszusammensetzung

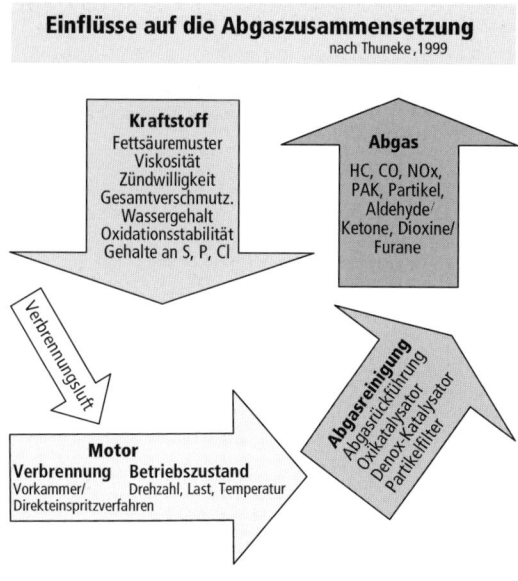

Einflüsse auf die Abgaszusammensetzung
nach Thuneke, 1999

Kraftstoff
Fettsäuremuster
Viskosität
Zündwilligkeit
Gesamtverschmutz.
Wassergehalt
Oxidationsstabilität
Gehalte an S, P, Cl

Abgas
HC, CO, NOx,
PAK, Partikel,
Aldehyde/
Ketone, Dioxine/
Furane

Verbrennungsluft

Abgasreinigung
Abgasrückführung
Oxikatalysator
Denox-katalysator
Partikelfilter

Motor
Verbrennung   Betriebszustand
Vorkammer/   Drehzahl, Last, Temperatur
Direkteinspritzverfahren

2.29
Einflussfaktoren auf die Zusammensetzung von Abgasen nach [2]

ebenso wie bestimmte Kraftstoffmerkmale und Maßnahmen zur Emissionsminderung (siehe Abb. 2.29). In Tabelle 2.5 werden die Entstehungsbedingungen für einzelne Komponenten im Abgas bzw. deren Ursachen dargestellt und qualitative Vergleiche zwischen Pflanzenöl und Dieselkraftstoff gegeben.

Die wenigen bisher vorliegenden Untersuchungen zeigen, dass die Abgaswerte beim Einsatz von Pflanzenöl in Quantität und Qualität tendenziell besser waren als beim Einsatz von Dieselkraftstoff, sofern eine Anpassung des Motors an Pflanzenöl vorgenommen wurde. Nicht umgerüstete Motoren zeigen ein bis zu 50% schlechteres Emissionsverhalten!

Pflanzenöle sind nahezu schwefelfrei. Der Schwefeldioxidausstoß ist daher beinahe null. Ebenso scheint sich zu bestätigen, dass die krebserregenden Anteile der polyzyklischen aromatischen Kohlenwasserstoffe (PAK) bei pflanzenöltauglichen Motoren deutlich niedriger liegen

Abgasemissionen pflanzenölbetriebener Dieselmotoren		
Abgaskomponente	Entstehungsbedingungen der Abgaskomponente	Emissionen mit Pflanzenöl im Vergleich zu denen mit Dieselkraftstoff
Kohlenmonoxid (CO)	hohe Viskosität des Öls führt zu ungünstigem Kraftstoff-Luft-Gemisch und zu unvollständiger Verbrennung	etwa gleich viel bis zu 55% weniger CO im Abgas
Unverbrannte Kohlenwasserstoffe (HC)	hoher Siedepunkt erschwert Abdampfen von den Brennraumwänden	gleich hoch bis deutlich niedriger
Partikelmasse im Abgas (Ruß)	geringer Schwefelgehalt und höherer Sauerstoffgehalt im PÖ sind günstig	gleich hoch bis deutlich niedriger
Stickstoffoxidemissionen (NO_x)	hohe Brennraumtemperaturen, großes Sauerstoffangebot und viel Zeit negativ korreliert mit HC, d.h. viel HC wenig NO_x, Direkteinspritzer höhere NO_x-Emission als Vor-/Wirbelkammermotoren	Gleich hoch bis niedriger; bei Vollast höher, bei Teillast niedriger
Schwefeldioxidemissionen (SO_x)		kaum vorhanden
Polyzyklische Kohlenwasserstoffe PAKs	in sauerstoffarmen Bereichen einer Flamme bei hohen Temperaturen in kurzer Reaktionszeit	Gleich hoch
Krebserregende Polyzyklische Kohlenwasserstoffe PAKs		Deutlich niedriger
Aldehydemissionen	unvollständige Verbrennung und der höhere Sauerstoffanteil in PÖ	Deutlich höher, vermeidbar durch Aufladung und Oxidationskatalysator

Tabelle 2.5: Abgasemissionen pflanzenölbetriebener Dieselmotoren im Vergleich zu Dieselkraftstoff ausgewertet nach [2], [8] und [17]

Abgasemissionen von Pflanzenöl-BHKW					
Abgas-komponente	BHKW 1 Wirbelkammer Nennlast: 8 kW$_{el}$	BHKW 2 Direkt-einspritzung, Teillast: 40 kW$_{el}$	BHKW 3 Direkteinspritzung, Rußfilter, Nennlast 110 kW$_{el}$, Modul 1	BHKW 3 Direkteinspritzung, Rußfilter, Nennlast 110 kW$_{el}$, Modul 2	Grenzwerte nach TA-Luft [mg/Nm³]
CO	23,6 mg/Nm³	38,8 mg/Nm³	55,8 mg/Nm³	183,4 mg/Nm³	650
NO$_x$	2026 mg/Nm³	2793 mg/Nm³	3329 mg/Nm³	2791 mg/Nm³	4000 (1000)
HC	3,7 mg/Nm³	11,2 mg/Nm³	7,0 mg/Nm³	10,2 mg/Nm³	–
Partikel (Staub)	79,5 mg/Nm³	100,3 mg/Nm³	2,6 mg/Nm³	3,7 mg/Nm³	130

Tabelle 2.6
Abgasemissionen von Pflanzenöl-BHKW bezogen auf trockenes Abgas unter Normbedingungen (0°C, 1013 mbar) und 5% O_2-Gehalt [21].

als bei Verwendung von Dieselkraftstoff. Bei allen anderen Abgaswerten streuen die Untersuchungsergebnisse so stark und sind die Untersuchungsbedingungen so unterschiedlich, dass keine eindeutige Aussage getroffen werden kann. Damit wird deutlich, dass für eine Optimierung des Emissionsverhaltens noch Entwicklungs- und Forschungsbedarf besteht.

Untersuchungen [8] an Mischungen von Pflanzenölen und Dieselkraftstoff ergaben, dass durch die Beimischung von bis zu 10% Pflanzenöl oder RME zu Dieselkraftstoff das Abgasverhalten nicht verschlechtert wird. Diese Untersuchungen zeigten auch, dass direkteinspritzende Motoren bei Verwendung von Kraftstoffgemischen ein schlechteres Abgasverhalten im Vergleich zu Vor- und Wirbelkammermotoren aufweisen. Für die Ester (PME) haben amerikanische Untersuchungen nachgewiesen, dass die Emissionen von Partikeln (Russ) um bis zu 30% und die Emission von polyzyklischen Kohlenwasserstoffen um bis zu 90% niedriger ausfallen als beim Einsatz von herkömmlichem Dieselkraftstoff [16].

Für Motoren in Blockheizkraftwerken (BHKWs, vgl. Kap. 3) gelten diese Erkenntnisse im Prinzip ebenso. Spezielle Untersuchungen an BHKW verschiedener Leistungsklassen haben gezeigt, dass die CO- und HC-Emissionen deutlich unter den erlaubten Grenzwerten liegen. Dies wird in erster Linie auf die Verwendung von Oxidationskatalysatoren zurückgeführt, welche auch die Aldehyd- und Geruchsemissionen minimieren [21]. Sie sollten in Zukunft in allen Bereichen verstärkt zum Einsatz kommen.

Die NO$_x$-Emissionen liegen ebenso unterhalb der gesetzlichen Grenzwerte. Sie können zusätzlich mit Hilfe eines nachgeschalteten Entstickungskatalysators reduziert werden.

Partikelemissionen lassen sich durch Verwendung moderner Partikelfilter weitgehend vermeiden.

Beim derzeitigen Stand der Forschung und aufgrund der verfügbaren Kenntnisse können wir sagen, dass die Abgaswerte von sauber auf Pflanzenöl eingestellten Motoren (und davon sollte man ausgehen) mit denen dieselbetriebener Motoren vergleichbar sind, teilweise sogar deutlich geringer ausfallen. Vorkammer- und Wirbelkammermotoren schneiden bei diesem Vergleich besser ab als Direkteinspritzer. Um die Emissionen noch weiter zu reduzieren, müssen nachmotorische Maßnahmen (Rußfilter, Oxidationskatalysatoren, Entstickungskatalysatoren) getroffen werden.

Wichtig ist, dass der Motor optimal auf den Kraftstoff eingestellt wird. Denn bei unfachmännisch oder gar nicht umgerüsteten Motoren können die Emissionen vor allem von Kohlenmonoxid (CO), unverbrannten Kohlenwasserstoffen (HC) und Partikeln im Abgas auch um bis zu 50% steigen!

3 Pflanzenöl für stationäre Anwendungen

3.1 Pflanzenöl-Blockheizkraftwerke

Block-Heiz-Kraft-Werke (BHKW) sind Anlagen, die Wärme und Strom gleichzeitig bereitstellen. Sie arbeiten in der Regel mit Verbrennungsmotoren, die einen elektrischen Generator antreiben. Die im Betrieb anfallende Abwärme wird genutzt.

Der Betrieb solcher Motoren mit Pflanzenöl bietet gegenüber dem Einsatz fossiler Energieträger den Vorteil, dass damit eine effiziente Strom- und Wärmeerzeugung aus erneuerbaren Energien möglich ist; außerdem werden der Ausstoß von Treibhausgasen reduziert und die Energiereserven geschont.

Blockheizkraftwerke erzeugen ungefähr das 1,3 bis 2-fache der elektrischen Leistung in Form von Wärme. Die Wärmeenergie steht in einem Temperaturbereich von 50 bis 90°C zur Verfügung, dem typischen Temperaturbereich für Heizung und Wassererwärmung.

BHKW, die vorrangig zur Stromproduktion geplant und eingesetzt werden, nennt man „stromgeführt". Eine sinnvolle Nutzung der anfallenden beträchtlichen Wärmemenge ist für die Rentabilität solcher Anlagen wichtig. Optimale Einsatzgebiete für große, stromgeführte Blockheizkraftwerke finden sich dort, wo viel Strom bzw. elektrische Leistung gebraucht wird und wo die Wärme in diesem Temperaturbereich möglichst ganzjährig genutzt werden kann, also vor allem in größeren öffentlichen und privaten Einrichtungen wie Schwimmbäder, Hotels sowie im Mietwohnungsbau. Eine Übersicht über mögliche Einsatzgebiete für BHKW zeigt Tabelle 3.1. Verbreiteter ist der wärmegeführte Betrieb des BHKW, bei dem die Anlagenleistung auf den Wärmebedarf des Objekts abgestimmt wird und die Betriebszeiten der Anlage entsprechend den Wärmeanforderungen geregelt werden. Auch in diesem Fall läuft das BHKW am Netz (Netzparallelbetrieb) und speist den erzeugten Strom ein. Durch die Doppelnutzung von Strom und Wärme erzielen diese Anlagen ihren sehr hohen Gesamtwirkungsgrad von bis zu 90%.

Die Kenngröße zur Auslegung eines wärmegeführten BHKW ist der über das Jahr verteilte Wärmebedarf (vgl. Abb. 3.3 und 3.4.).

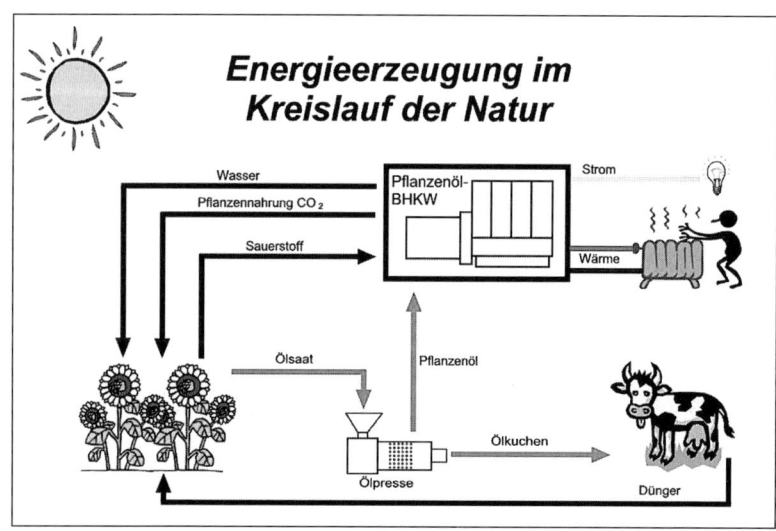

3.1
Kreislauf der Pflanzenöl-
nutzung im BHKW
Quelle: K. Weigel

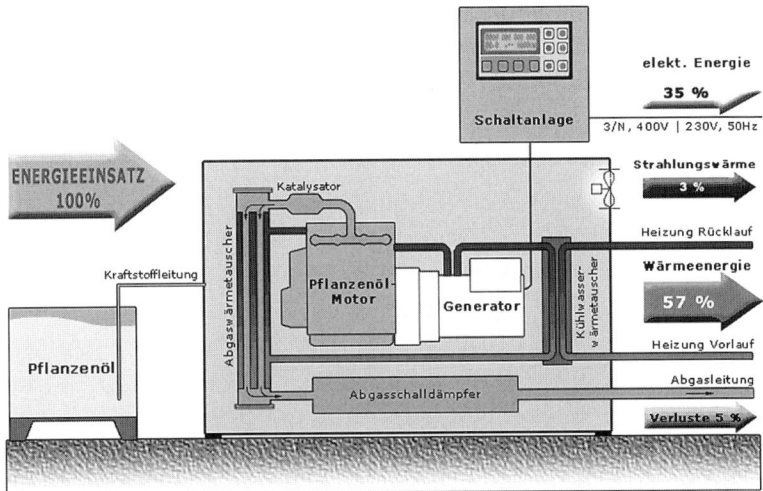

3.2
Funktionsschema eines
Blockheizkraftwerkes.

Für ein Wohnhaus kann der Wärmebedarf mit folgender Formel abgeschätzt werden:

Wärmebedarf f. Heizung u. Warmwasser [kW]
= Wohnfläche (in m²) · 50 W/m² · 1,3/ 1000

wobei durch den Faktor 1,3 ein Zuschlag von 30% für die Warmwasserbereitung berücksichtigt wird.

Daraus wird errechnet, welche Wärmeleistung das BHKW erbringen muss, um mit Hilfe von Pufferspeichern den Wärmebedarf weitgehend ganzjährig abzudecken. Als Richtgröße für eine effektive Nutzung sollte ein BHKW etwa 30% der maximal erforderlichen Wärmeleistung des Heizsystems liefern. Dann können etwa 60 – 80% des Jahreswärmebedarfs durch das BHKW gedeckt werden bei einer betriebswirtschaftlich günstigen Laufzeit von 4000 bis 6000 Betriebsstunden pro Jahr.

Viele der BHKW-Hersteller bieten den Betrieb mit Biodiesel für ihre Produkte an. Da Biodiesel aber teurer als Rapsöl und Heizöl ist, ist die Wirtschaftlichkeit unter den derzeitigen Rahmenbedingungen kaum gegeben. Das möglicherweise bekannteste Biodiesel-BHKW mit 2 MW thermischer Leistung der Firma KSW Energie-Umwelttechnik (Bonn) steht im deutschen Bundestag in Berlin.

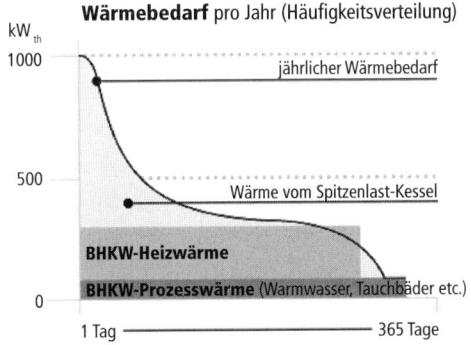

3.3
Typische Kurve des häuslichen Wärmebedarfs. Die Grundversorgung für Heizung und Warmwasser kommt vom BHKW.

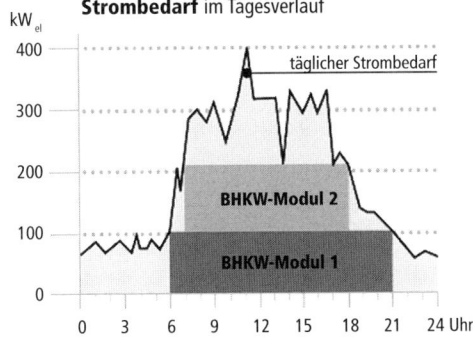

3.4 : Täglicher Strombedarf im Haushalt.

Typische Anwendungsgebiete von BHKW	
Im gewerblichen Bereich	Hotels und große Übernachtungseinrichtungen
	Schwimmbäder
	Schulen und Kindergärten
	Industriebetriebe mit einem hohen Brauchwasser- oder Heizwärmebedarf: z.B. Schlachterei, Bäckerei
	Büro- und Betriebsgebäude
	landwirtschaftliche Gebäude
	Krankenhäuser
Für Wohnnutzung	Mehrfamilienhäuser,
	Neubausiedlungen, Wohnblöcke, Hochhäuser
Im Inselbetrieb	Notstromaggregate in Krankenhäusern, Schulen, öffentlichen Einrichtungen etc.
	Berghütten, Almen, Käsereien
	Einzelgehöfte

Tabelle 3.1
Typische Anwendungsgebiete von BHKW

3.5
Zwischenbehälter für Pflanzenöl bei langen Leitungen zwischen Motor bzw. Brenner und Lagertank mit vorgeschaltetem Kraftstofffilter (Pflanzenölbrenner Gut Riem, München).

Der BHKW-Betrieb mit Pflanzenöl

BHKW mit Verbrennungsmotoren können grundsätzlich mit gasförmigen (Erdgas, Flüssiggas, Biogas, Klär- und Deponiegas) und flüssigen Brennstoffen (Heizöl bzw. Diesel, Benzin, Biodiesel und Pflanzenöl) betrieben werden. In Deutschland sind bereits mehrere hundert mit Pflanzenöl betriebene Blockheizkraftwerke in Betrieb.

Für den Betrieb mit Pflanzenöl sind bei stationären Dieselmotoren im Prinzip die gleichen Maßnahmen vorzusehen wie beim Eintank-System in Diesel-Kraftfahrzeugen. Nur wird der BHKW-Hersteller diese Maßnahmen bereits von vornherein bei der Anlagenfertigung berücksichtigen. Für den Leistungsbereich bis zu 25 kW$_{el}$ (bis ca. 50 kW$_{therm}$) werden herkömmliche Stationärdieselmotoren auf den Pflanzenölbetrieb umgerüstet. Überwiegend kommen indirekt einspritzende Motoren zum Einsatz, bei denen Einspritzdüsen und Glühkerzen in pflanzenöltauglicher Ausführung eingebaut sind.
Für höhere Leistungsbereiche werden spezielle Pflanzenölmotoren mit Direkteinspritzverfahren beispielsweise von den Firmen MWS (Schönebeck) und AAN (Nordhausen) angeboten. Für Pflanzenölmotoren in BHKW sollten thermisch stark belastbare Bauteile verwendet werden. Die Wärmeabfuhr durch ausreichende Belüftung und saubere Wärmetauscheroberflächen muss sichergestellt sein.
Wegen der höheren Viskosität des Brennstoffes verwendet man Kraftstoffleitungen mit großen Querschnitten und leistungsfähige Förderpumpen. Die Pflanzenöllagertanks sollten in der Nähe des BHKW frostsicher untergebracht sein. Leitungen im Außenbereich müssen ebenfalls frostsicher ausgeführt werden. Bei größerer Entfernung des Lagertanks vom BHKW kann eine Zusatzpumpe nötig sein, die das Pflanzenöl vom Lagertank in einen kleinen, am BHKW stehenden Behälter pumpt, aus dem sich der Motor mit Kraftstoff versorgt (Abb. 3.5, siehe auch Öllagerung Kapitel 5).

Kraftstofffilter

Luftfilter

Generator

Kupplung

Abgas-
Schalldämpfer

Verteilerkasten

Verbrennungsmotor

Ölfilter

Abgaswärmetauscher

Leistungsregler

Schalldämmhaube

3.6
Aufbau eines Pflanzenöl-Blockheizkraftwerks (KW Energietechnik). BHKW werden in allen Leistungsbereichen von 5 kW$_{elektr}$ aufwärts angeboten. Der typische
Energiebedarf einer 4 köpfigen Familie im Einfamilien-
haus liegt zwischen 5 und 6 kW$_{elektr}$ und 8 bis 12 kW$_{therm}$.
Bei größerem Leistungsbedarf ist ein modularer Auf-
bau aus mehreren kleineren Anlagen vorteilhaft. Eine
Gesamtleistung von beispielsweise 60 kW$_{el}$ wird günstig von zwei 30 kW$_{el}$-Aggregaten erbracht.

3.7
Kompakte Bauweise eines Pflanzenöl-BHKW mit 20 kW
elektrischer und 34 kW thermischer Leistung, eingebaut im Kloster Benediktbeuern.

3.8
BHKW-Raum mit Netzanbindung, elektrischer Steuerung und Heizungsverteilung

Um Emissionen weitgehend zu vermeiden, wird der Einsatz eines Oxidationskatalysators und eines Partikelfilters empfohlen. Beide Komponenten sollten in den Angeboten der Hersteller/Lieferfirmen enthalten sein.

Wartung

Mit Pflanzenöl betriebene BHKW haben kürzere Wartungsintervalle als mit Gas- oder Heizöl betriebene Motoren (Tabelle 3.2). Alle 750 bis 1000 Betriebsstunden, je nach Anbieter, müssen der Öl-, Kraftstoff- und Luftfilter sowie das Motoröl gewechselt und die Ventile nachgestellt werden. Ebenso sollte das Batterie- und Kühlwasser regelmäßig kontrolliert werden. Wärmetauscheroberflächen müssen regelmäßig gereinigt werden. Kommt Wasser als Wärmeüberträger zum Einsatz, ist auf Korrosions- und gegebenenfalls auf Frostschutzmittelzusatz zu achten. Schauen Sie also beim Kauf auf die Zugänglichkeit und Wartungsfreundlichkeit der einzelnen Komponenten. Der zeitliche Aufwand für eine 6 kW$_{el}$-Anlage liegt bei rund 1,5 Stunden je Wartung, der Materialaufwand bei ca. 125 € pro Wartung. Die Wartung kann man nach entsprechender Schulung durch den Hersteller selbst durchführen. Für große Anlagen empfiehlt sich eine tägliche Routinekontrolle und das Führen eines Betriebstagebuches.

Kosten

Die Investitionskosten sind leistungsabhängig: Je größer das BHKW, desto geringer sind die Kosten je Kilowatt installierter Leistung. Sie sinken von 2.500 €/kW im häuslichen Bereich (6 bis 10 kW-Anlagen) auf 500 €/kW bei Anlagen mit 300 – 400 kW installierter elektrischer Leistung inklusive Schallschutz und Schaltanlage. Die Mehrkosten für einen Synchrongenerator, der auch unabhängig vom Netz betrieben werden kann (Notstromtauglichkeit), liegen bei 1000 €. Hinzu kommen Kosten für den Stromzähler und den Zählerplatz, für die Abgasanlage (im einfachsten Fall ist das ein Edelstahlrohr), sowie für einen Wärme-Pufferspeicher (z.B. ein isolierter Wassertank), für das Tanklager und für die Installation.

Die Abschreibungsdauer sollte wegen noch fehlender Langzeiterfahrungen bei Pflanzenöl-BHKW kürzer gewählt werden als die 12 - 15 Jahre, die bei Dieselaggregaten angesetzt werden.

Die Wirtschaftlichkeit der Anlage hängt sehr stark von den individuellen Rahmenbedingungen ab. Beim Neubau eines Hauses können bauliche Notwendigkeiten kostengünstig berücksichtigt werden, während die Integration in einen Altbau technisch aufwendiger sein kann, aber nicht sein muss.

Entscheidend dafür, dass sich der Kauf eines Pflanzenöl BHKW im Vergleich zum Heizöl- oder Gasbrenner finanziell lohnt, sind folgende Faktoren:

1. die Höhe der Investitionskosten. Deshalb sollten Sie immer mehrere Angebote einholen und Kosten, Qualität und Service vergleichen.
2. der Wartungsaufwand und die Wartungskosten. Auch hier können im ungünstigen Fall hohe Kosten anfallen (im Durchschnitt rechnet man mit 0,02 € je erzeugte kWh Strom),
3. die Brennstoffkosten (zwischen 0,50 und 0,65 €/l zzgl. Mehrwertsteuer). Die Höhe der Brennstoffkosten hängt auch von Ihrem persönlichen Verhandlungsgeschick ab. Einkaufsgemeinschaften erzielen günstigere Preise. Der Preis für Pflanzenöl wird unabhängig vom Erdölmarkt notiert, während der Preis für Biodiesel mit dem Dieselpreis steigt und fällt (Abb. 1.7).

Wartungsintervalle von Pflanzenöl BHKW	
	Wartungsintervalle
Gasbetriebenes BHKW	4000 h
Heizölbetriebenes BHKW	2500 h
Pflanzenölbetriebenes BHKW	750 – 1000 h

Tabelle 3.2
Wartungsintervalle von Pflanzenöl BHKW im Vergleich zu gas- und ölbetriebenen BHKW.

Beispiel für eine Berechnung der Wärmekosten		
	Jährliche Kosten bzw. Erlöse eines BHKW (8 kW$_{el}$, 15 kW$_{th}$)	
Szenario	Günstig	ungünstig
Kosten BHKW-Modul	18.320 €	18.320 €
Gebäude, Tanks, Kamin etc.	1600 €	10.000 €
spez. Brennstoffkosten	0,50 €/l	0,65 € /l
Betriebsstunden	6000 h/a	4000 h/a
Annuität (7% Zins + Tilgung)	2150 E /a	3465 € /a
Abschreibung bauliche Teile	25 Jahre	25 Jahre
Abschreibung BHKW-Modul	15 Jahre	10 Jahre
Wartungskosten	960 €/a	1800 € /a
Brennstoffkosten	9300 € /a	8060 € /a
Sonst.Kosten (Versicher., Personal, Wartung, Hilfsener.)	90 € /a	1455 € /a
Gesamtkosten	12500 € /a	14780 € /a
Erlöse	8400 € /a	5600 € /a
Stromgutschrift 0,175 € /kWh	100% Netzeinspeisung	100% Netzeinspeisung
Differenz	4100 € /a	9180 € /a
Wärmekosten	**4,5 Cent/kWh**	**15,3 Cent/kWh**
Vergleich Wärmekosten Gas/Fernwärme	7,6 Cent/kWh	
Vergleich Erdgasbrenner	6,2 Cent/kWh	

Tabelle 3.3: Beispiel einer Berechnung der Wärmekosten (nach Technologie- und Förderzentrum, Straubing)

4. die Höhe der erzielbaren Einspeisevergütung (Festlegung im EEG, Bonus für Kraftwärmekopplung)
5. die Höhe der fossilen Brennstoffkosten.

Völlig unberücksichtigt bei dieser betriebswirtschaftlichen Kalkulation bleiben allerdings die Beiträge zur CO_2-Vermeidung, zur Ressourcenschonung, zur regionalen Wirtschaftsförderung und zur Friedenssicherung: mehrere gute Gründe, sich trotz möglicherweise geringer Rentabilität für ein Pflanzenöl-BHKW zu entscheiden.

Gesetzliche Bestimmungen

Blockheizkraftwerke werden entweder nach dem Baurecht oder nach dem Bundesimmissionsschutzgesetz genehmigt. Als Feuerungsanlagen unterliegen sie der Feuerungsverordnung (FeuVO). Die maßgebliche Größe ist die Feuerungswärmeleistung. Anlagen unter 50 kW Feuerungswärmeleistung (das sind die meisten im häuslichen Anwendungsbereich) benötigen keine Genehmigung. Dennoch müssen auch diese Anlagen so aufgestellt werden, dass von ihnen keine Gefahr für Mensch, Tier und Umwelt ausgeht! Bei Leistungen über 50 kW unterliegen sie der einfachen baurechtlichen Genehmigung (Baugesetzbuch BauGB).

Emissionsgrenzwerte für BHKW		
Schadstoff	Anlagen > 1 MW	Anlagen < 1 MW (empfohlen)
Kohlenmonoxid CO	< 65 g/Nm³	< 30 g/Nm³
Staub	20 mg/Nm³	20 mg/Nm³
Stickoxide NO$_x$	< 1,0 g/Nm³	< 3,0 g/Nm³ (< 500 kW) < 2,5 g/Nm³ (500 kW–1 MW)
Gerüche/HC	Einsatz von Oxidationskatalysatoren	

Tabelle 3.4: Emissionsgrenzen bei BHKW

3.9 *oben und unten*
Doppel BHKW Anlage im Kreiskrankenhaus Wolgast, Mecklenburg-Vorpommern. 2 Module mit je 120 kW$_{el}$ und 155 kW$_{th}$ Leistung. Motortyp AAN 6 P 15,5 A der Firma AAN, Nordhausen, Rapsölverbrauch von 235 g/kWh (205 g/kWh Dieseläquivalent), seit 2003 in Betrieb.

Ab 1 MW Feuerungswärmeleistung sind BHKW nach dem Bundesimmissionsschutzgesetz genehmigungspflichtig (BImSchVO). Bei modularer Bauweise werden die einzelnen Feuerungswärmeleistungen aufsummiert. Genehmigungspflichtige Anlagen müssen die in Tabelle 3.4 genannten Emissionsgrenzen einhalten.

Anlagen mit weniger als 1 MW Feuerungswärmeleistung müssen derzeit noch keine Grenzwerte einhalten. Allerdings werden auch für diese Anlagen Emissionsbegrenzungen für sinnvoll erachtet und bereits diskutiert (siehe Tabelle 3.4). Ihre zukünftige Anlage sollte also diese Grenzwerte einhalten (Hersteller fragen)!

Blockheizkraftwerke müssen schwingungsisoliert und mit einer Schallschutzkapselung aufgestellt werden. Auch dazu gibt es eine technische Anleitung (TA Lärm), die zu beachten ist. In der Regel werden die BHKW schon gekapselt angeboten. Potenzielle Lärmbelästigungen sollten im Vorfeld bei der Planung bedacht werden.

Anders als Mineralöl unterliegt Pflanzenöl (Flammpunkt über 100°C) nicht der Verordnung über brennbare Flüssigkeiten (VbF) und wird nicht als Gefahrgut klassifiziert. Umgang, Transport und Lagerung von Pflanzenöl sind deshalb an keine weiteren Auflagen gekoppelt.

Pflanzenöl wird wegen seiner biologischen Abbaubarkeit und seiner geringen aquatischen Toxizität in der „Verwaltungsvorschrift wassergefährdende Stoffe" als „nicht wassergefährdend" eingestuft und unterliegt auch keinen weiteren Vorschriften.

Vergütung – Erneuerbare Energien Gesetz

Wird der vom BHKW ins öffentliche Netz eingespeiste Strom aus erneuerbarer Energie erzeugt, erhält der Erzeuger für den Strom eine Vergütung nach dem Erneuerbaren-Energien-Gesetz (EEG). Das Gesetz regelt die gesicherte Abnahme und Vergütung von Strom aus regenerativen biogenen Quellen bis 20 MW Anlagenleistung. Strom aus Biomasse ist vorrangig abzunehmen und mit einem festgelegten Mindestsatz zu vergüten. Der staffelt sich wie folgt:

- bis 150 kW$_{el}$ mindestens 11,5 Cent/kWh
- von 150 bis 500 kW$_{el}$ mind. 9,9 Cent/kWh
- bis 5 MW$_{el}$ mindestens 8,9 Cent/kWh
- ab 5 MW$_{el}$ mindestens 8,4 Cent/kWh

Die Vergütung erhöht sich um 6 Cent/kWh, wenn der Strom ausschließlich aus Pflanzen und Pflanzenteilen stammt. Die Mindestvergütung erhöht sich um weitere 2,0 Cent/kWh, wenn der Strom aus einer anerkannten Kraftwärmekopplungsanlage kommt.

Im besten Fall können für den eingespeisten Strom insgesamt 19,5 Cent/kWh an Vergütung erzielt werden. Die Vergütungssätze sinken jährlich um 1,5% ab 2004. Die im Jahr der Errichtung geltenden Verrechnungspreise werden dann 20 Jahre lang in gleicher Höhe gezahlt. Zur Abrechnung ist ein zweiter Stromzähler (Einspeisezähler) notwendig.

Mineralölsteuer

Pflanzenöl sowie Pflanzenölmethylester sind von der Mineralölsteuer befreit. Unabhängig davon sind stationäre Kraft-Wärme-Kopplungsaggregate generell von der Mineralölsteuer be-

freit, wenn sie einen Monats- bzw. Jahresnutzungsgrad von mindestens 70% der eingesetzten Energie aufweisen (Gesetz zum Schutz der Stromerzeugung aus Kraft-Wärme-Kopplung, die Gesetze zum Einstieg und Fortführung der ökologischen Steuerreform). Dies ist jährlich dem Hauptzollamt nachzuweisen.

Stromsteuer (StromStG)

Strom wird seit 1999 besteuert. 2004 beträgt der festgelegte Steuersatz 20,5 Euro/MWh (= 2,05 Cent/kWh). Strom aus Pflanzenöl ist nur dann von der Stromsteuer befreit, wenn der Strom aus einer Anlage kleiner 2 MW stammt (was für kleinere Anlagen allgemein zutrifft) und in der Nähe des BHKW verbraucht wird. Die Befreiung erteilt das zuständige Hauptzollamt.

Zum Thema pflanzenölbetriebene BHKW hat die Bayerische Landesanstalt für Landtechnik einen Leitfaden erarbeitet (Bezugsadresse siehe im Anhang). Es existiert auch eine VDI-Richtlinie (VDI 3985), die es zu lesen lohnt, vor allem bei der Planung größerer Anlagen. Ebenso hat das Bayerische Landesamt für Umweltschutz eine Schrift „pflanzenölbetriebene Blockheizkraftwerke" erstellt, die über das Internet zu beziehen ist (www.bayern.de/lfu).

3.2 Anwendungsbeispiele für Pflanzenöl-BHKW

Pflanzenöl-BHKW zur ganzjährigen Deckung des Wärmebedarfs

Die Anlage von Ekkehard Brühschwein in Hirschau in der Oberpfalz ist seit 1997 in Betrieb und ersetzte eine Heizölheizung.

Das BHKW der Firma Kurt Weigel Energietechnik arbeitet im Netzparallelbetrieb mit 5 kW elektrischer und 11 kW thermischer Leistung. Der Kraftstoffverbrauch liegt bei rund 2 Liter/h. Die Abmessungen sind 1350 x 660 x 1100 mm (LxBxH). Der Motor des Herstellers Ku-

bota ist für Diesel, Pflanzenöl und Heizöl geeignet. Der Generator arbeitet asynchron. Als Pufferspeicher wurde ein gebrauchter 1000 Liter Druckkessel verwendet. Die Installation und Anbindung wurde von örtlichen Handwerkern und in Eigenregie durchgeführt.

Die Versorgung mit Pflanzenöl erfolgt durch Selbstabholung oder Lieferung über den Maschinenring. Die 1000 Liter Pflanzenöl aus dem Plastikcontainer am PKW-Anhänger werden mit einer Zahnradpumpe über 1-zöllige verzinkte

3.10
Das Senertec/VWP Dachs-Pflanzenöl-BHKW ist seit April 2004 in der Metzgerei Jais, Fürstenfeldbruck in Betrieb (elektrische Leistung: 5 kW).

3.11: Außenansicht des Heizwerks Greußenheim

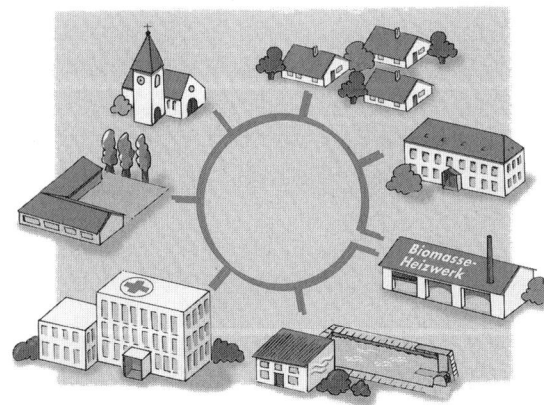

3.12
Modell des Nahwärmenetzes Greußenheim mit Blockheizkraftwerk.

Rohre in das BHKW-Tanklager gepumpt. Die Rohrverbindungen sind mit flüssiger Gewindedichtung abgedichtet, Teflonband als Dichtung ist ungeeignet. Ein zusätzlich eingebauter Feinfilter vor dem BHKW-Tank schützt vor Verunreinigungen und hilft bei der Sicherstellung der Kraftstoffqualität.

Während der Heizperiode läuft das BHKW rd. 1400 Stunden, dabei fallen 8400 kWh Strom an, die nach dem EEG mit 10,23 Cent vergütet werden. Hinzu kommt noch eine spezifische Förderung des örtlichen Stromversorgers EWS Schönau mit 8,2 Cent pro kWh.

In den zurückliegenden Heizperioden gab es keine pflanzenölbedingten oder verbrennungstechnischen Störungen. Das Gerät läuft so leise, dass es in einem über dem Heizungskeller liegenden Schlafzimmer kaum hörbar ist. Die Wartungsintervalle haben sich durch technische Entwicklungen des Herstellers von 650 h auf 1000 h erhöht. Es wird also nur 1 mal pro Heizperiode gewartet. Nach einmaliger Unterweisung durch den Hersteller können diese Arbeiten problemlos in Eigenregie gemacht werden.

Fazit des Betreibers: Schön einfach = einfach schön – ein wunderbares Gefühl der Unabhängigkeit mit Kraftstoff aus der Region Energie zu produzieren.

Herr Brühschwein ist Lehrer der Volksschule Hirschau. Er hat mit den Schülern ein Pflanzenölprojekt „Umweltfreundlicher Schülertransport" durchgeführt, in dessen Rahmen zwei Schulbusse umgerüstet wurden und eine von Schülern betriebene Pflanzenöltankstelle installiert wurde. Herr Brühschwein erhielt für dieses Engagement viele Auszeichnungen.

Versorgung eines Neubaugebietes aus einem Pflanzenöl-BHKW

In Greußenheim bei Würzburg werden 33 Ein- und Zweifamilienhäuser anstatt mit einzelnen Heizölkesseln von einem gemeinsamen BHKW auf Pflanzenölbasis mit Strom und Wärme versorgt. Das Projekt wurde im Juni 1995 mit einem Energiekonzept gestartet. Nachdem 1996 der Förderantrag erfolgreich beschieden war, konnte noch im gleichen Jahr der Bau der Gebäude beginnen, die dann im Juli 1997 fertig gestellt wurden.

Das BHKW der Firma AAN (Nordhausen) ist seit 1997 in Betrieb und erzeugt 60 kW Wärme und 40 kW Strom. Der Betreiber der Anlage ist eine eigens gegründete GmbH mit dem ersten Bürgermeister des Ortes als Geschäftsführer. Die Nahwärme-Abnehmer sind Mitglieder der Gesellschaft. Dadurch ist der Wärmepreis für alle durchsichtig und die Identifikation mit der Anlage sehr hoch. Bei den neugebauten Wohnhäusern konnte auf den Bau von Heizungskellern, Kaminen und Heizöltanks verzichtet werden, so dass sich das Pflanzenöl-Blockheizkraftwerk weitgehend kostenneutral gegenüber herkömmlichen Heizanlagen im Haus finanzieren ließ.

Das BHKW wird wärmebedarfsabhängig gesteuert und verfügt über einen 8000 l fassenden Wärme-Pufferspeicher. Ein Heizölkessel dient zur Abdeckung des Spitzenbedarfes und als Reserve. Das Nahwärmenetz wurde als Ringleitung in der gemeindeeigenen Erschließungsstraße verlegt (725 m Trassenlänge) und besteht aus Stahlrohren mit Kunststoffmantel. Jährlich werden ca. 90.000 Liter Rapsöl aus der Region bezogen. Der erzeugte Strom wird komplett ins Netz eingespeist.

Die Wirtschaftlichkeit des BHKW ist laut Berechnung bei mindestens 4500 Betriebsstunden erreicht. Seit dem 4. Betriebsjahr liegt die durchschnittliche Laufzeit schon bei 7000 Betriebsstunden.

Die Gesamtkosten des Blockheizkraftwerkes betrugen 678.000 € (vgl. Tabelle 3.6). Durch die Einstufung als Demonstrationsprojekt wurde vom Bayerischen Staatsministerium für Ernährung, Landwirtschaft und Forsten ein Zuschuss von 286.000 € gewährt.

Daten des BHKW		
Elektrische Leistung	40 kW im Mittel	60 kW maximal
Stromerlös bei 7000 Betriebsstunden/Jahr (10 Cent/kWh gesetzlich gesichert für 20 Jahre)	28.000 €	42.000 €
Wärmeleistung	60 kW	90 kW
Wärmeerzeugung bei 7000 h/Jahr	420.000 kWh	630.000 kWh

Tabelle 3.5: Die Leistung des BHKW Greußenheim

Kosten des BHKW Greußenheim	
Pflanzenöl-BHKW	70.384,44 €
Spitzenlastkessel	50.336,67 €
Weitere Anlagenteile	125.917,90 €
Wärmenetz	236.312,97 €
Bauliche Anlagen (inkl. Tiefbau)	113.722,05 €
Nebenkosten, Planung, Beratung	81.242,23 €
Gesamtkosten	**677.916,26 €**

Tabelle 3.6: Die Kosten des BHKW Greußenheim

3.13: Blick auf die Priener Hütte

BHKW-Anlage in der Priener Hütte		
	Elektrische Leistung	Thermische Leistung
Pflanzenöl-BHKW I	18 kW$_{el}$	35 kW$_{therm}$
Pflanzenöl-BHKW II	6 kW$_{el}$	13 kW$_{therm}$
Stückholzkessel:	–	60 kW$_{therm}$

Tabelle 3.7
Energieleistungsdaten der 2 Module in der Priener Hütte

3.14:
Energiezentrale des Klosters Benediktbeuern. Hier werden 70% des Wärmebedarfs mit erneuernerbaren Energien gedeckt (siehe Tabelle 3.8)

Wärme-Bereitstellung im Zentrum für Umwelt und Kultur Benediktbeuern	
Hackschnitzel-Kesselanlage	ca. 3.570 MWh/a
Pflanzenöl-BHKW	ca. 272 MWh/a
Solare Brauchwasser-Anlage + Wärmepumpen	ca. 23 MWh/a
Gesamt-Wärmeabgabe aus regenerativen Energiequellen (entspr. dem jährl. Wärmebedarf von ca. 190 Haushalten)	ca. 3.865 MWh/a
Heizöl-Kesselanlage	ca. 645 MWh/a
Gesamte Wärmeabgabe der Wärmeerzeugung	ca. 4.510 MWh/a
Höchstlast für die Wärmeerzeugung	ca. 2.070 kW

Blockheizkraftwerk im Inselbetrieb auf der Priener Hütte

Die Priener Hütte des Deutschen Alpenvereins liegt auf 1410 Meter Höhe, in einem Naturschutzgebiet am Fuße des Geigelstein. 22.000 Liter Heizöl wurden jährlich in der ökologisch sensiblen Gebirgsregion verfeuert. Seit September 1997 decken zwei Pflanzenöl-Blockheizkraftwerke und ein Holzkessel den Strom- und Wärmebedarf der Priener Hütte. Zusätzlich bezieht die Hütte geringe Strom-Mengen aus einem benachbarten Kleinwasserkraftwerk.

Die beiden Blockheizkraftwerke sind direkt in die Hütte eingebaut – guter Schallschutz macht es möglich. Ein Stückholzkessel deckt den Spitzenbedarf an Wärme ab. Fällt überschüssige Wärme an, wird diese von BHKW und Holzheizung in einem 1.000-Liter Brauchwasser- und zwei 1.500-Liter Wärmespeichern gepuffert. 5.000 Liter Rapsöl und 65 Ster Scheitholz braucht die Priener Hütte im Jahresmittel.

Das Projekt in den Chiemgauer Alpen gehört zur Offensive des Deutschen Alpenvereins (DAV), der seine mehr als 300 Hütten, alle in ökologisch sensiblen Gebirgsregionen gelegen, von umweltgefährdenden Dieselgeneratoren auf eine umweltverträgliche Versorgung mit erneuerbaren Energiequellen umstellen will. Im Fall der Priener Hütte gab es reichlich Unterstützung. Der regionale Energieversorger, die Isar-Amperwerke, unterstützte das Vorhaben in seinem Versorgungsgebiet ideell und finanziell. Das Bayerische Landwirtschaftsministerium förderte das Demonstrationsprojekt mit knapp 70.000 € aus dem Innovationsprogramm „Offensive Zukunft Bayern".

Mittlerweile sind viele Berghütten mit Pflanzenöl-BHKW ausgerüstet, einige seien hier erwähnt: Stüdlhütte am Großglockner, Wimbachgrieshütte/Watzmann; Pühringer Hütte, Öster-

Tabelle 3.8.
Vorbildhafter Energiemix aus Erneuerbaren Energien im Kloster Benediktbeuern, 2004

reich, Brunnsteinhütte und Nördlinger Hütte in Mittenwald, Kaiserjochhaus, Lechtal, Glorer Hütte, Österreich und Sudetendeutsche Hütte in der Granatspitzgruppe , Österreich.

Das Kloster Bendediktbeuern mit seinen Bildungseinrichtungen im Landkreis Bad Tölz, Wolfratshausen beherbergt 600 Personen, die hier leben und arbeiten. Hinzu kommen jährlich 73.000 Übernachtungen. Der hohe Strom- und Wärmebedarf wird mit eimem vorbildhaf-ten Energiemix aus Erneuerbaren Energien gedeckt. Dazu gehören eine Holzhackschnitzel-Kesselanlage, eine Solaranlage, zwei Wärmepumpen, eine Photovoltaikanlage, Wasserturbinen und ein Pflanzenöl betriebenes BHKW. Alle Bausteine der Energieversorgung sind in einer Zentrale untergebracht. So können 70% des gesamten jährlichen Wärmebedarfs von 4.330 MWh mit erneuerbaren Energien gedeckt werden.

3.3   Pflanzenölbrenner

Die Gründe warum herkömmliche Heizölbrenner nicht mit Pflanzenöl betrieben werden können, sind im wesentlichen dieselben wie beim Dieselmotor: Schlechtes Start- und Brennverhalten und die Bildung von Ablagerungen wegen der höheren Viskosität des Pflanzenöls.

Mittlerweile gibt es aber verschiedene Firmen, die Pflanzenölbrenner für herkömmliche Heizöl-Heizungsanlagen praktisch in allen Leistungsbereichen anbieten (s. Adressen im Anhang). Die Brenner können normalerweise in bestehende Heizungsanlagen eingebaut (d.h. nachgerüstet) werden. Kessel, Tank und Leitungen bleiben erhalten, nur der Brenner nebst Zubehör wird gewechselt.

Eine zusätzliche Ölförderpumpe am oder in der Nähe des Tanks fördert das Pflanzenöl in einen beheizbaren Zwischenbehälter, der direkt am Heizkessel angebracht wird. Der ist nötig, damit sich der Brenner drucklos mit Brennstoff versorgen kann (siehe Abb. 3.5).

Ölauffangwannen und Doppelwandtanks, wie sie für die Heizöllagerung vorgeschrieben sind, werden beim Pflanzenölbrenner nicht benötigt, da Pflanzenöl ein für Boden und Umwelt ungefährlicher Stoff ist. Dies vereinfacht nicht nur sehr die Genehmigung, sondern auch die Aufstellung der Öltanks: Es reichen einfache PE-Tanks, die frei aufgestellt werden können.

Im Neubau unterscheiden sich die anfallenden Montagearbeiten nicht von denen beim Einbau eines Heizölbrenners. Kürzere Wartungsintervalle können jedoch erforderlich sein. Für eine komplette Anlage mit mittlerer Heizleistung (ca. 35 kW) müssen in der Regel zwischen 2500 und 5000 € zuzüglich Montagekosten investiert werden.

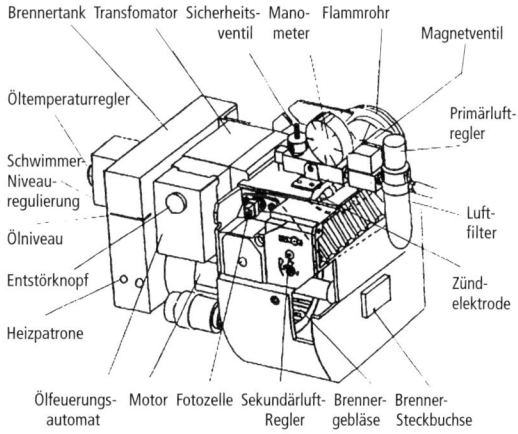

3.15:
Schema eines Pflanzenölbrenners der Firma NET, Salzburg

3.16
Pflanzenölheizungsanlage (60 kW) am Gut Riem der Stadt München, (Fa. Inno-Tech) Heizungsverteilung, Brenner, Zwischenlagergefäß.

3.17
Pflanzenölbrenner der Firma NET, Salzburg. Heizleistung 28,5 bis 200 kW, 2,1 - 16,5 kg Pflanzenöl/h; Kosten 4000 bis 600 € ohne Mwst.

Einige Firmen bieten auch *Vielstoffbrenner* an, die wahlweise mit Pflanzenöl, Heizöl oder RME betrieben werden können.

Bei Umrüstung bestehender Anlagen auf Pflanzenölbetrieb fallen zu den Brennerkosten noch zusätzliche Umbaukosten von 900 - 1500 € an. Die Wirtschaftlichkeit einer Pflanzenölheizung hängt insgesamt fast ausschließlich vom Heizölpreis ab, da die Investitionskosten für beide Brennerarten (Pflanzenöl oder Heizöl) ähnlich hoch sind. Der Heizölpreis wiederum hängt von der Weltwirtschaft und politischen Entscheidungen sowie der Verfügbarkeit ab. Derzeit liegt er mit 35 bis 40 Cent pro Liter immerhin um ca. 20 Cent unter dem Pflanzenölpreis.

Deshalb ist die Umrüstung auf Pflanzenöl für den Normalverbraucher derzeit keine finanziell lohnende Investition. Anders kann die Situation für die Erzeuger von Ölsaaten aussehen, die ggf. einen entsprechend günstigeren Bezugspreis für Pflanzenöl erzielen.

4 Ölherstellung und Ölqualität

Die Herstellung von Pflanzenölen erfolgte bis vor einigen Jahren fast ausschließlich im industriellen Maßstab in großen, zentral gelegenen Ölmühlen. In den letzten Jahren haben sich vor allem in Süddeutschland zunehmend kleine dezentrale Ölmühlen etabliert, die oft von den Ölsaatenerzeugern, den Bauern, selbst betrieben werden und die ihre Produkte auch regional vermarkten. Die zentrale Ölherstellung unterscheidet sich von der dezentralen Herstellung in einigen wesentlichen Punkten.

1998

2003

4.1
Standorte zentraler und dezentraler Ölsaatenverarbeitungsanlagen in Deutschland. Die Anzahl der dezentralen Ölpressen hat sich fast verdreifacht (von 79 auf rund 200). Die Anzahl der zentralen Anlagen blieb unverändert.
Quelle: TFZ, Straubing

4.1 Zentrale Ölsaatenverarbeitung

In den großen, aus Transportgründen oft an Wasserstraßen gelegenen Ölmühlen wird mit beträchtlichem Energieeinsatz und mit hohem technischem Aufwand voll raffiniertes Pflanzenöl und Extraktionsschrot gewonnen. Sie haben Verarbeitungskapazitäten von bis zu 4000 t Ölsaat pro Tag. Die Verfahrensschritte sind in Abb. 4.2 dargestellt.

Die Ölsaat (z.B. Rapskörner) wird zunächst gereinigt, falls nötig getrocknet, zerkleinert und mit Wasserdampf thermisch behandelt, um die Ölzellen leichter aufzubrechen. In einer *Vorpressung* mit einer Schneckenpresse wird dann ein Großteil des enthaltenen Öls abgepresst. Der Rückstand nach der Pressung, der sogenannte Presskuchen, hat noch einen Restölgehalt von 10 bis 25 %. Bei der anschließenden *chemischen Extraktion* mit Hexan, einem Leichtbenzin, gelingt es, insgesamt über 98 % des in der Saat

enthaltenen Öls zu gewinnen. Dann wird das Öl filtriert und Hexan durch *Destillation* abgetrennt und recycled. Die so gewonnenen Produkte sind rohes, unraffiniertes Pflanzenöl einerseits und Extraktionsschrot andererseits.

Da im Extraktionsschrot noch Reste von Hexan vorhanden sind, ist eine Nachbehandlung nötig, bevor er als Viehfutter verwendet werden kann. Er wird „getoastet", das heißt mit überhitztem Wasserdampf behandelt.

Durch die thermische Behandlung und die chemische Extraktion werden der Ölsaat aber nicht nur Öl sondern auch unerwünschte Begleitstoffe wie Farb- und Bitterstoffe, Metalle, Harze, Kohlenhydrate, Phosphatide, Reste von Pflanzenschutzmitteln etc. entzogen, welche die Qualität des Öls beeinträchtigen. Um diese Begleitstoffe zu entfernen, muss es schließlich raffiniert werden. Hierbei werden folgende Methoden verwendet:

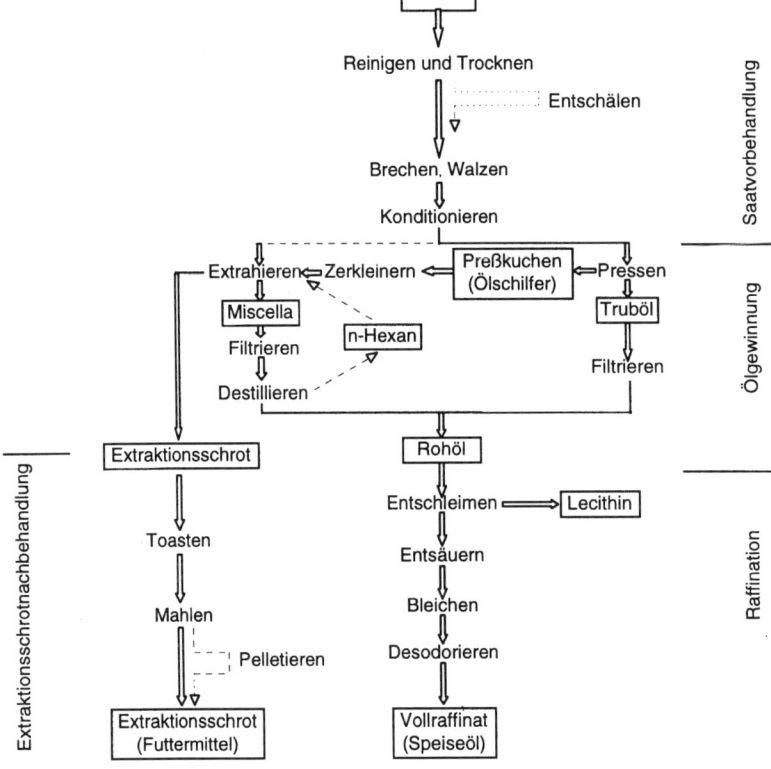

4.2
Verfahrensablauf bei der Pflanzenölgewinnung und -raffination in zentralen Anlagen [7].

Bei der sogenannten *Entschleimung* werden mittels Phosphorsäure und Wasserzusatz hauptsächlich Phospholipide eliminiert, welche die Haltbarkeit und technische Verwendbarkeit des Öls ungünstig beeinflussen.

Unter *Entsäuerung* versteht man die Entfernung freier Fettsäuren durch Verseifung mit Natronlauge und die anschließende Extraktion oder Destillation.

Die *Bleichung* dient dem Abtrennen von Farbstoffen und ihrer Abbauprodukte mittels fester Absorptionsmittel wie Aluminiumsilikat oder Aktivkohle.

Beim *Desodorieren* werden unerwünschte Aroma- und Geschmacksstoffe mittels Wasserdampfdestillation bei nur 0,5 bis 10 mbar Druck abgetrennt.

Das so behandelte Öl bezeichnet man am Ende als Vollraffinat. Diese Art der Ölgewinnung in zentralen Anlagen benötigt ca. 1,7 GJ Energie pro Tonne Ölsaat, entsprechend 472 kWh/Tonne bzw. 0,47 kWh/kg. Ca. 40% dieses Energieeinsatzes entfallen auf die Raffination.

Voll raffiniertes Pflanzenöl ist viel heller als kalt gepresstes Pflanzenöl und hat fast keinen Eigengeruch. Es ist als Kraftstoff gut geeignet.

4.2 Dezentrale Ölsaatenverarbeitung

Die Ölsaatenverarbeitung in kleinen, meist im ländlichen Raum gelegenen Anlagen erfolgt nur durch eine einstufige mechanische Pressung (siehe Abb. 4.3). Die Versorgung der Anlagen mit Rohstoff geschieht durch Bauern aus der Region, die häufig auch den Pressrückstand in der eigenen Viehhaltung verwerten.

Die Ölsaat wird zunächst von Fremdbesatz gereinigt, um die Ölqualität zu sichern und die Presswerkzeuge zu schonen. Der Wassergehalt der Saat sollte 7 – 8% nicht überschreiten. Gepresst wird bei einer Saattemperatur zwischen 15 und 25°C, meist in Schneckenpressen. Je nach Pressengröße können zwischen 5 kg und bis zu 800 kg Ölsaat pro Stunde verarbeitet werden. Allein durch das Pressen lassen sich ca. 80% des in der Saat enthaltenen Öls gewinnen. Im Presskuchen befinden sich also noch nennenswerte Ölanteile.

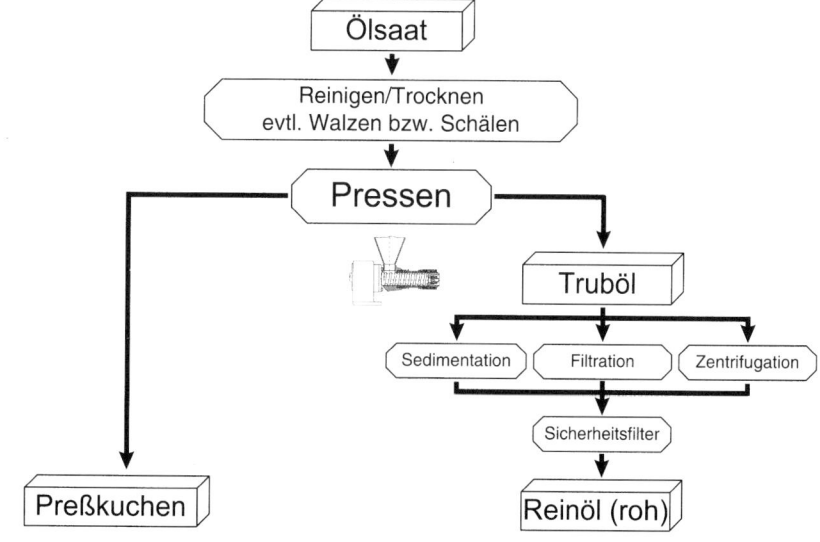

4.3
Verfahrensschritte der Ölsaatenverarbeitung in dezentralen Anlagen [7].

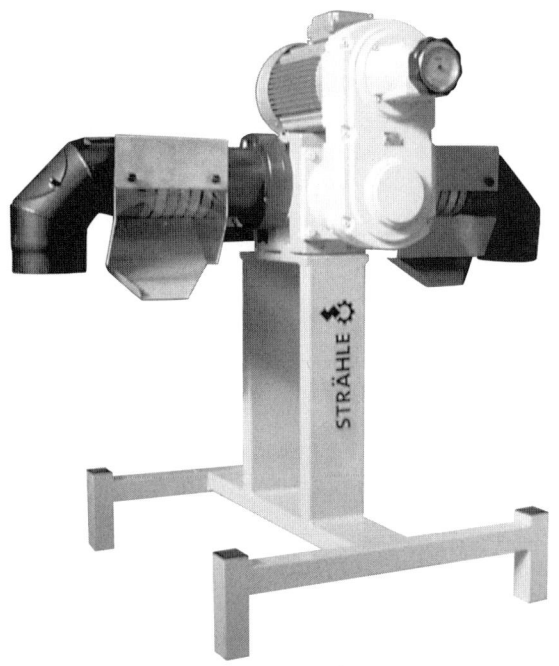

4.4:
Kompakte Zwillingspresse der Fa. Strähle (linkes Bild)
(Durchsatz 2 x 15 kg/h, ca. 10 kg Öl/h; Gewicht 194 kg)
und Presskuchen (rechts).

Das so gewonnene Öl enthält noch zwischen 2 und 13 % Verunreinigungen, die entfernt werden müssen, um eine hohe Produktqualität zu erreichen. Bei kleineren Anlagen geschieht dies häufig mittels großvolumiger Absetztanks, in denen sich die Feststoffe im Laufe von mehreren Tagen am Tankboden absetzen. Anschließend erfolgt eine Filtration mit einem Feinfilter. In größeren Anlagen kommen Filterpressen verschiedener Bauart zum Einsatz.

Die Vorteile der dezentralen Ölherstellung liegen im geringen Energieeinsatz, dem Verzicht auf den Einsatz von Lösungsmitteln, dem Nichtanfall produktionsbedingter Abwässer, und in einem geringen Transportaufkommen. Rohstoff und Endprodukte stammen aus der Region, werden im Rahmen einer Kreislaufwirtschaft regional verwertet, stärken die regionale Wirtschaftskraft und kommen letztendlich der Landwirtschaft zugute.

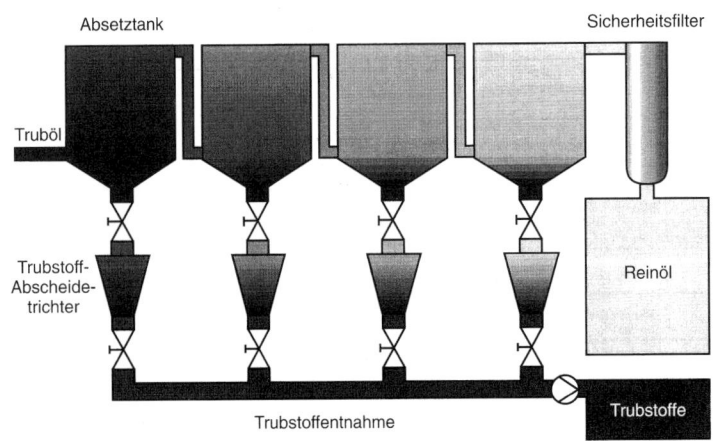

4.5
Sedimentationsverfahren für Pflanzenöl System Weihenstephan [7].

Verwertung des Pressrückstandes

Der Presskuchen dient der Landwirtschaft als wertvolles Eiweißfuttermittel. Er ist ein Konkurrenzprodukt für importiertes Sojaschrot, das nicht selten aus Dritte-Welt-Ländern stammt, die das Eiweiß eigentlich dringend für die Versorgung der eigenen Bevölkerung benötigen würden.

Wenig wirtschaftlich und daher wenig verbreitet ist die energetische Nutzung des Presskuchens durch Verbrennung oder durch Vergärung in Biogasanlagen. Sie kommt allenfalls bei Presskuchen von Pflanzen in Frage, die laut Futtermittelverordnung nicht zugelassen oder als Viehfutter nicht schmackhaft genug sind, wie die Crambe oder der Leindotter.

Detaillierte Hinweise zur Ölgewinnung und -verarbeitung finden Sie in dem KTBL-Arbeitspapier 267 „Dezentrale Ölsaatenverarbeitung".

4.3 Ölqualität – der Weihenstephaner Standard

Je nach Einsatzgebiet werden an Pflanzenöle verschiedene Qualitätsanforderungen gestellt. Während bei Speiseölen ein hoher Gehalt an einfach ungesättigten Fettsäuren und ein hoher Vitamin-E-Gehalt wichtige Qualitätsmerkmale darstellen, sind beim Einsatz als Kraftstoff beispielsweise eine konstant niedrige Viskosität bzw. ein gutes Kälteverhalten und ein geringer Verschmutzungsgrad qualitätsbestimmende Faktoren.

Die Qualität von Dieselkraftstoff ist in der DIN-Norm DIN EN 560 geregelt, für RME gibt es die DIN-Norm EN 51606.

Um Mindestkriterien für den Einsatz von Rapsöl als Kraftstoff festzulegen, wurde vom „Landtechnischen Verein in Bayern e.V." in Zusammenarbeit mit der Universität Hohenheim der so genannte „Qualitätsstandard für Rapsöl als Kraftstoff", (RK-Qualitätsstandard) entwickelt. Hier sind wichtige Kennzahlen und deren Grenzwerte festgelegt, die abhängig von der Verfahrenstechnik bei Ölpflanzenanbau und Ölgewinnung, der Sortenwahl oder Standortbedingungen bzw. klimatischen Gegebenheiten erfahrungsgemäß starken Schwankungen unterworfen sein können (siehe Abb. 4.6). Beim Kauf von Pflanzenöl für Kraftstoffzwecke sollte daher immer die Einhaltung des Weihenstephaner Standards verlangt werden.

Einige wichtige Begriffe werden im folgenden kurz erläutert:

Oxidationsstabilität: Durch Einwirkung von Sauerstoff bei der Lagerung, unterstützt durch Licht, Wärme und katalytisch wirkende Schwermetalle, können Oxidationsprozesse einsetzen, welche die Qualität des Pflanzenöls drastisch mindern. Dies geschieht um so eher, je höher der Anteil an ungesättigten Fettsäuren im Öl ist. Es entstehen schwer lösliche Verbindungen, welche die Kraftstofffilter verstopfen können, und es treten Wechselwirkungen mit dem Motoröl auf, wodurch dessen Schmierqualität beeinträchtigt werden kann.

Phosphorgehalt: Phospholipide setzen die Oxidationsstabilität des Öls herab, fördern also das „Ranzigwerden" des Öls. In Verbindung mit Wasser quellen sie und können zu Verstopfungen in Kraftstofffiltern oder Einspritzdüsen führen. Außerdem schädigen sie die Oxidationskatalysatoren.

Wassergehalt: Ein hoher Wassergehalt fördert die mikrobielle Aktivität im Öl und begünstigt damit Umsetzungsprozesse, welche die Ölqualität mindern. Bei niedrigen Temperaturen kann Wasser die Durchlässigkeit von Kraftstofffiltern durch Eisbildung herabsetzen. In modernen Dieseleinspritzsystemen, die mit sehr hohem Druck arbeiten, kann es durch das Auftreten von freiem Wasser zu Schäden kommen. Der Wassergehalt in Pflanzenölen wird durch die Saatfeuchte und gegebenenfalls durch die Art der Raffination bestimmt. Außerdem kann sich der Wassergehalt durch Lagerung und Transport erhöhen.

Kinematische Viskosität: Sie liegt für Pflanzenöl um mehr als den Faktor 10 über der Viskosität von Dieselkraftstoff. Infolgedessen führt das ungünstigere Fließ-, Pump- und Zerstäubungs-

verhalten gerade während der Startphase des Motors häufig zu Problemen. Die Viskosität ist stark temperatur- und druckabhängig.

Gesamtverschmutzung: Hierunter versteht man den Massenanteil ungelöster Fremdstoffe im Kraftstoff.

Iodzahl: Die Iodzahl ist ein Maß für die Anzahl ungesättigter Fettsäuren im Pflanzenöl. Eine niedrige Iodzahl ist gleichbedeutend mit einem hohen Gehalt an gesättigten Fettsäuren und einer geringeren Neigung zu oxidativem Verderb

	LTV-Arbeitskreis Dezentrale Pflanzenölgewinnung, Weihenstephan			in Zusammenarbeit mit:
	Qualitätsstandard für Rapsöl als Kraftstoff (RK-Qualitätsstandard) 05/2000			
Eigenschaften / Inhaltsstoffe	Einheiten	Grenzwerte min.	max.	Prüfverfahren
für Rapsöl charakteristische Eigenschaften				
Dichte (15 °C)	kg/m³	900	930	DIN EN ISO 3675 DIN EN ISO 12185
Flammpunkt nach P.-M.	°C	220		DIN EN 22719
Heizwert	kJ/kg	35000		DIN 51900-3
Kinematische Viskosität (40 °C)	mm²/s		38	DIN EN ISO 3104
Kälteverhalten				Rotationsviskosimetrie (Prüfbedingungen)
Zündwilligkeit (Cetanzahl)				Prüfverfahren wird evaluiert
Koksrückstand	Masse-%		0,40	DIN EN ISO 10370
Iodzahl	g/100 g	100	120	DIN 53241-1
Schwefelgehalt	mg/kg		20	ASTM D5453-93
variable Eigenschaften				
Gesamtverschmutzung	mg/kg		25	DIN EN 12662
Neutralisationszahl	mg KOH/g		2,0	DIN EN ISO 660
Oxidationsstabilität (110 °C)	h	5,0		ISO 6886
Phosphorgehalt	mg/kg		15	ASTM D3231-99
Aschegehalt	Masse-%		0,01	DIN EN ISO 6245
Wassergehalt	Masse-%		0,075	pr EN ISO 12937

4.6 Qualitätsanforderungen an Pflanzenölkraftstoffe, Weihenstephaner Standard

4.7
Viskositäts-Temperatur-Verhalten von kalt gepresstem Rapsöl [7].

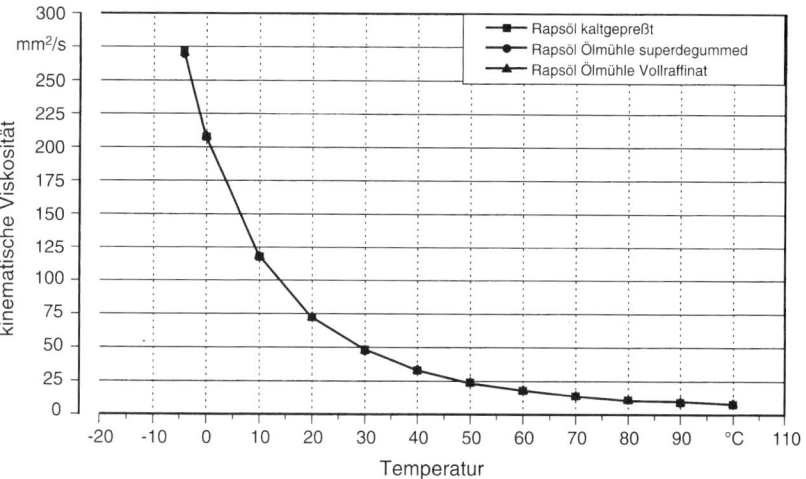

und zur Bildung von Ablagerungen im Brennraum und an den Einspritzdüsen.

Flammpunkt: Der Flammpunkt ist vor allem für die Einstufung in Gefahrenklassen nach der Verordnung über brennbare Flüssigkeiten bedeutsam. Aufgrund des hohen Flammpunktes von Pflanzenölen besteht eine sehr gute Lager- und Transportsicherheit.

Dichte: Die Dichte von Pflanzenölen steigt mit zunehmender Länge der Fettsäureketten und der Anzahl ungesättigter Fettsäuren. Mit zunehmender Dichte steigen bei der Verbrennung in Motoren die Partikel- und Rußemissionen. Pflanzenöle lassen sich anhand ihrer Dichte unterscheiden.

Koksrückstand: Er ist ein Maß für die Verkokungsneigung des Kraftstoffs und auch ein Gradmesser für die Bildung von Verbrennungsrückständen im Brennraum und an den Einspritzdüsen.

Heizwert: Er beschreibt den Energieinhalt von Pflanzenölen.

Aschegehalt: Der Aschegehalt spiegelt den Anteil anorganischer Feststoffe im Öl wieder.

4.8
Die Qualitätsunterschiede von Ölen werden schon im Glas sichtbar (oben klares, unten trübes Öl).

5 Ölbezug und Lagerung

Vor der Umrüstung des Fahrzeugs oder des BHKWs auf Pflanzenölbetrieb ist natürlich zu prüfen, ob bzw. wo mit vertretbarem Aufwand Kraftstoff zu beziehen ist.

Da ein flächendeckendes Tankstellennetz für Pflanzenöl noch nicht vorhanden ist, haben die Betreiber von Pflanzenölfahrzeugen oft eigene, meist 1000 Liter fassende Kunststofftanks. Die Tanks stehen entweder zuhause in der Garage oder dort, wo eine einfache Aufstellung sowie regelmäßiges Betanken ohne Umweg möglich ist. Für einen 1000 Liter-Tank braucht man in etwa den Platz einer Europalette. Oft bieten die Ölmühlen solche Tanks gebraucht für Preise zwischen 25 und 100 € an.

Wer das Öl selbst direkt von der Ölmühle abholt, muss sich überlegen, wie er oder sie die 1000 Liter, das sind inklusiv Behälter ungefähr 1000 kg, vom Transportfahrzeug herunter bekommt, sofern der Tank nicht dauernd z.B. auf einem Anhänger stehen bleiben soll. Eine Möglichkeit besteht darin, den Tank mittels Stapler oder Frontladerschlepper abzuladen. Kann der volle Tank nicht abgeladen werden, besteht auch die Möglichkeit, das Pflanzenöl mit Hilfe einer elektrischen Pumpe aus dem Transporttank in den Lagertank umzupumpen. Hierbei besteht die Gelegenheit, durch Zwischenschalten eines Filters den Kraftstoff noch einmal zu reinigen. Wer das Öl nicht selbst holen kann, bekommt es gegen einen Aufpreis auch von den Ölmühlen oder Maschinenringen geliefert. Entweder werden die leeren 1000 Liter-Tanks gegen volle getauscht oder ein Tanklaster pumpt über einen Schlauch in den leeren Tank. Im Anhang finden Sie eine aktuelle Liste von Bezugsquellen für Pflanzenöl (siehe auch im Internet unter www.rerorust.de).

5.1: Schüler der Volksschule Hirschau beim Installieren der Pflanzenöl-Zapfsäule

Oftmals ist es praktisch, sich mit anderen Pflanzenölfahrern oder BHKW-Betreibern aus der Region zusammen zu tun und eine Einkaufsgemeinschaft zu bilden oder eine gemeinsame Tankmöglichkeit zu schaffen. Daraus ergeben sich Transport- und Kostenvorteile!

Lagerung

Pflanzenöl sollte möglichst kühl und dunkel gelagert werden, um Umsetzungsprozesse im Öl nicht zu fördern. Direkte Sonneneinstrahlung ist zu vermeiden. Den Zutritt von Sauerstoff möglichst gering halten und den Eintrag von Wasser und sonstigen Verschmutzungen bitte ausschließen.

Die Tanks sollten nicht im Freien stehen, damit im Winter das Öl nicht zähflüssig wird, außer der Tank ist isoliert. Der Tank sollte nie beheizt werden, sonst sinkt die Kraftstoffqualität. Ebenso ist bei langen Erdleitungen vom Lagertank zum Motor darauf zu achten, dass sie nicht einfrieren können, gegebenenfalls sind auch diese

Leitungen frostsicher zu verlegen. Die Tanks dürfen – außer in unmittelbarer Nähe von Gewässern – überall aufgestellt werden. Die Entnahme des Kraftstoffs kann entweder mit einer elektrischen Pumpe oder, bei hoch gestelltem Tank, mittels Schwerkraft mit einer Gießkanne oder mit einem Tankschlauch erfolgen. Die Entnahme des Kraftstoffs nie am tiefsten Punkt anordnen, denn sonst gelangen die sich absetzenden Sedimente ins Kraftstoffsystem und verstopfen Filter, Düsen u.a.

Der Lagertank kann in Kunststoff oder Stahl ausgeführt sein. Achten Sie bei gebrauchten Lagertanks, dass sie vor der Erstbefüllung mit Pflanzenöl gründlich gereinigt sind. Dementsprechend sollten großzügige Reinigungsöffnungen für eine regelmäßige Tankreinigung vorhanden sein.

Kupfer und Messing haben sich für den Tank und die kraftstoffführende Teile nicht bewährt. Kraftstoffleitungen sollten aus Edelstahl, chromatiertem Stahl oder Aluminium bestehen.

5.2 Kraftstofflagerung in 1000-Liter-Tanks auf Europaletten

Nach Erfahrungen der Autoren gibt es leider auch Ölmühlen und Tankstellen, die Öl nach Weihenstephaner Standard verkaufen, obwohl der Kraftstoff die Qualitätskriterien gar nicht erfüllt. Häufig ist es der Grenzwert für die Verschmutzung, der nicht eingehalten werden kann. Schnelltests, mit denen sich die Einhaltung der Qualitätskriterien kontrollieren lässt, werden von verschiedenen landwirtschaftlichen Untersuchungslabors zum Preis von ca. 20 bis 30 € angeboten. Im Zweifelsfall kann sich diese Investition lohnen, z.B. um den Verdacht zu erhärten, ein Schaden könnte auf mangelnde Ölqualität zurückzuführen sein. Für den „Schnelltest" muss 1 Liter des Öls an ein Untersuchungslabor geschickt werden. Die Untersuchung dauert 3 bis 5 Tage.

Beim Kauf von Pflanzenöl sollte immer „Öl zur Kraftstoffnutzung" bestellt werden, das den Weihenstephaner Standard erfüllt. Achten Sie auch bei Tankstellen auf entsprechende Kennzeichnung.

Tankstellen

Aktuell gibt es ca. 160 Pflanzenöltankstellen bundesweit. Meist sind es Ölmühlen, Maschinenringe und Landwirte, die eigene Tanksäulen betreiben, an denen das Tanken bis zu 24 Stunden am Tag möglich ist. Allein in unserer Region (Weilheim/Oberbayern) sind in den vergangenen zwei Jahren 4 Pflanzenöl-Tankstellen entstanden. Und durch die stetige Zunahme von Pflanzenölnutzern kommt immer wieder eine dazu. Eine aktuelle Liste über Pflanzenöltankstellen finden Sie im Internet unter www.rerorust.de sowie im Anhang dieses Buches.

Getankt wird an den Zapfsäulen mit EC-Karte oder mit Hilfe einer Tankkarte mit Mikrochip, die man sich beim Betreiber der Tankstelle besorgen muß. Die Kraftstoffmenge wird erfasst und dann mit einer Abbuchungsermächtigung über das Girokonto abgerechnet. Die Abschaltautomatik der auf Diesel geeichten Zapfhähne funktioniert wegen der höheren Viskosität des Pflanzenöls bei den meisten Tankstellen nicht.

5.3
Landwirtschaftliche Tankstelle Egertshausen. Bezahlt bzw. abgerechnet wird die Ölrechnung mittels Tankkarte.

Man muss beim Tanken also aufpassen, dass der Tank nicht überläuft und auf die eingefüllte Menge achten. Erfahrene Pflanzenölfahrer erkennen den gefüllten Tank an einem typischen Blubbergeräusch, das auftritt, wenn die letzte Luft aus dem Tank entweicht. Funktionierende Abschaltmechanismen für Pflanzenölzapfhähne sind aber bereits erhältlich und werden von der Firma Aetra angeboten (www.aetra.de).

Viel verdient ist an einer Pflanzenöltankstelle nicht. Die Spanne, die auf die Herstellungskosten des Öls draufgesetzt werden kann, liegt zwischen 1-2 Cent. Da müssen schon viele Liter Kraftstoff verkauft werden, dass sich die Investition lohnt. Viele dieser Tankstellen wurden deshalb von den Landkreisen, Kommunen etc. gefördert. Eigenverbrauchstankstellen für Pflanzenöl oder Biodiesel werden durch das Bundeslandwirtschaftsministerium mit dem so genannten „Markteinführungsprogramm für biogene Treib- und Schmierstoffe" mit bis zu 50% der anfallenden Kosten gefördert. Gewerbliche Tankstellen sind von dieser Förderung ausgeschlossen. Informationen zur Projektförderung und Unterlagen zur Antragstellung sind bei der Fachagentur Nachwachsende Rohstoffe, Gülzow (www.fnr.de) zu beziehen.

Das Positive an solchen landwirtschaftlichen Pflanzenöltankstellen ist, dass man als Verbraucher wieder einen Bezug zum Hersteller, d.h. zur heimischen Landwirtschaft und zur Region erhält. Oft – so ist es auch bei uns – wird das Tanken dazu benutzt, um noch Blumen vom Feld zu holen und Gemüse wie Kürbis etc. mitzunehmen. Insgesamt führt so eine Entwicklung zum Erhalt der heimischen Landwirtschaft und zur Stärkung der regionalen Wertschöpfung. Ein schönes Beispiel für den Betrieb einer Pflanzenöltankstelle gibt es an der Schule Hirschau in der Nähe von Amberg. Dort wurde das The-

ma „Pflanzenöle als Treibstoff" in der Schule nicht nur theoretisch bearbeitet, sondern auch in die Realität umgesetzt. Vier Schulbusse wurden auf Pflanzenölbetrieb umgerüstet. Eine eigene Pflanzenöltankstelle wird von den Schülern betrieben, eine zweite folgt. Es tanken bereits regelmäßig 32 Privat-Pkw. Mehrere Kommunen, eine Brauerei, die Lebenshilfe Amberg und ein Landwirtschaftsbetrieb in der nahen Umgebung wollen ihren Fuhrpark auf Pflanzenöl umstellen. Der verantwortliche Lehrer Ekkehard Brühschwein betreibt selbst erfolgreich seit vielen Jahren ein Pflanzenöl-BHKW in seinem Haus.

Der Bezug von *Biodiesel* ist mittlerweile durch ein Netz von über 1600 Tankstellen in Deutschland und Österreich gewährleistet (siehe Abb. 2.1). Die Union für Öl- und Proteinpflanzen e.V. (www.ufop.de) bietet ein aktuelles Verzeichnis der Tankstellen im Internet an.

5.4
Für den Urlaub ist Treibstoff aus dem Supermarkt leicht zu lagern und gut transportierbar.

Was tun im Urlaub?

Steht Ihnen kein Pflanzenöl zum Tanken zur Verfügung, weil sie sich beispielsweise im Ausland befinden, können sowohl Eintank- wie auch Zweitanksysteme jederzeit ausschließlich mit Dieselkraftstoff betrieben werden. Wer genügend Platz im Auto hat, kann Kraftstoff in Kanistern mitnehmen. Pflanzenöl stinkt nicht, Geruchsprobleme durch die Kanister sind also nicht zu befürchten.

Natürlich ist grundsätzlich auch der Ölbezug über den Supermarkt (z.B. Aldi) möglich, allerdings auch zu höheren Kosten als bei der Ölmühle. Werden nur 1-Liter-Behälter angeboten, dauert der Tankvorgang recht lange und man produziert obendrein ziemlich viel Müll. In einigen Regionen sind Großpackungen mit 10 Liter Fassungsvermögen im Handel verfügbar. Die sind u.U. besser lagerbar als der 1000 Liter Tank, weil man sie stapeln kann, und werden von manchen Pflanzenölfahrern daher bevorzugt genutzt. Auch die Mitnahme als Reserve ist recht praktisch. Über den Gastronomiegroßhandel (z.B. Metro) sollte der Ölbezug in größeren Behältern in jedem Fall möglich sein.

Speiseöle sind aber nicht automatisch motortauglich. Allgemeingültige Aussagen über die qualitative Eignung der Supermarktöle als Kraftstoff können hier nicht gemacht werden, da auf vielen Verpackungen verlässliche Angaben dazu fehlen, welche Pflanzenöle im einzelnen in dem Gemisch enthalten sind. Eigene Erfahrungen mit einem Vorkammerdiesel sind in dieser Hinsicht jedoch durchweg positiv. Bei direkt einspritzenden Dieselmotoren sollte man jedoch vorsichtiger sein und vor dem ersten Einsatz z.B. mit einer Umrüst-Werkstatt Rücksprache halten, die oft über Erfahrungen mit solchen Ölen verfügen. Im Zweifel sollte man das Öl auf seine Eignung untersuchen lassen.

Der Bezug von gebrauchten Ölen und Altfetten für Zweitanksysteme ist über Entsorger oder auch über die Frittenbude von nebenan bzw. über Kantinen grundsätzlich möglich. Es ist jedoch darauf zu achten, dass solche Fette vor der Verwendung im Motor ausreichend gereinigt werden. Wegen der unklaren Qualität und auch aufgrund möglicher Umsetzungsprozesse während des „Ersteinsatzes" der Fette sollten sie nur in Vorkammermotoren eingesetzt werden.

5.5: Pflanzenöl-Tankstelle Oederding, Landkreis Weilheim, mit auf 2-Tank-System umgerüstetem Audi.

6 Anbau und Ertrag von Ölpflanzen

6.1 Eigenschaften der Ölpflanzen

Raps

Raps (*Brassica napus var. napus*) aus der Familie der Kreuzblütler ist die wichtigste Ölfrucht in Deutschland und Europa. Sie ist gut an die klimatischen Verhältnisse angepasst, ertragsstark und als Blattfrucht ein wichtiges Glied in landwirtschaftlichen Fruchtfolgen, die häufig von Getreide, also Halmfrüchten, dominiert werden.

Raps ist wegen seines Öls eine wirtschaftlich interessante Verkaufsfrucht. Die Pressrückstände, Presskuchen bzw. Extraktionsschrot, dienen als hochwertige, eiweißreiche Futtermittel. Nicht verwunderlich ist deshalb, dass 80% der Ölsaat-Anbauflächen von etwa 1 Million ha in Deutschland ausschließlich mit Raps bestellt werden.

In Deutschland wird der Raps meist als erste Frucht der Herbstbestellung schon Mitte August ausgesät. Er bildet bis zum Winter eine geschlossene Pflanzendecke und schützt die Bo-

6.1 : Rapsstengel und -samenkörner sowie gereinigtes Rapsöl mit KFZ-Ölfilter

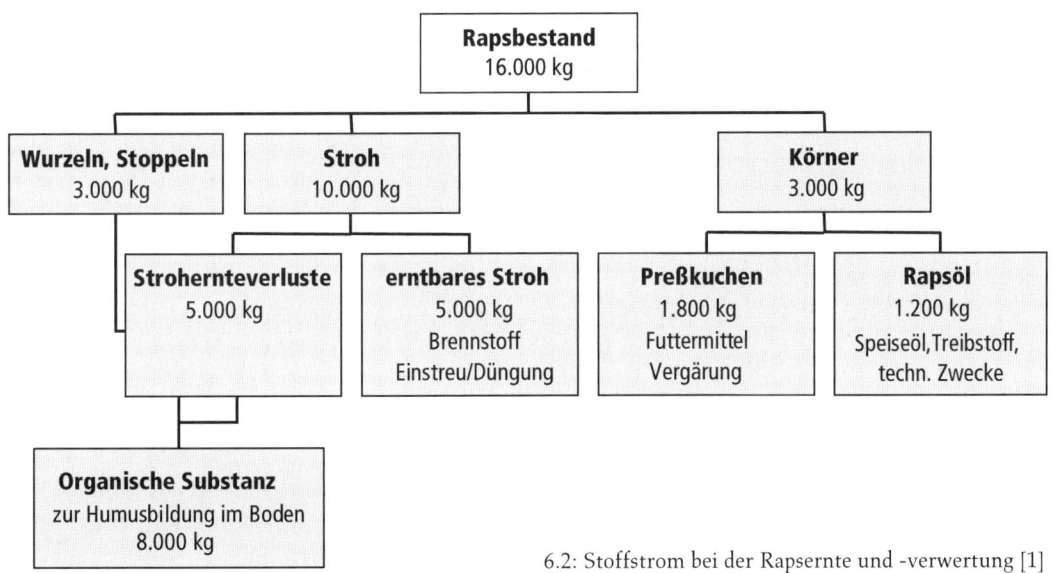

6.2: Stoffstrom bei der Rapsernte und -verwertung [1]

Ausgewählte Eigenschaften von Winterraps	
Merkmal	Ausprägung
Dauer der Bodenbedeckung	10-11 Monate
Wurzeltiefgang	Hoch
Unkrautunterdrückung	Hoch
Vermehrung Getreidekrankheiten	Keine
Stickstoff-Aufnahme im Herbst	40-80 kgN/ha
N-Aufnahme gesamt (bei 40 dt/ha Kornertrag)	250-300 kgN/ha
N-Rückstände nach der Ernte	mittel bis hoch >100 kgN/ha mögl.

Tabelle 6.1 Ausgewählte Eigenschaften von Winterraps

Stickstoffbedarf verschiedener Ackerfrüchte	
Ackerfrüchte	Stickstoffbedarf gesamt kg N/ha
Raps	150 - 220
Zuckerrübe	120 - 180
Kartoffeln	80 - 180
Mais	140 - 220
Weizen	120 - 200
Sonnenblume	120 - 200

Tabelle 6.2:
Stickstoffbedarf verschiedener Ackerfrüchte

6.3: Rapsblüte

denoberfläche vor Erosion. Im Boden befindliche Pflanzennährstoffe werden über den Winter in der Pflanze gebunden. Er bildet eine 120 cm lange Pfahlwurzel und ist so in der Lage, Nährstoffe auch aus tiefen Bodenschichten aufzunehmen. Dies kann einer Stickstoffverlagerung und -auswaschung ins Grundwasser entgegen wirken. Durch die hohe, nach der Ernte am Feld verbleibende Blatt- und Strohmasse fördert die Rapspflanze die Strukturbildung und die biologische Aktivität im Boden.

Beim Raps unterscheidet man den Winter- und den Sommerraps. Sommerraps wird in Nordeuropa als Ölfrucht angebaut, während er in Mitteleuropa überwiegend als Zwischenfrucht – zwischen zwei Hauptgliedern der Fruchtfolge – zur Gründüngung dient.

Züchterisch wurde Raps nur hinsichtlich seiner Verwendung als Nahrungs- und Futtermittel bearbeitet. Deshalb liegen bislang keine Sorten vor, die sich durch besondere Eignung für die Kraftstoffnutzung auszeichnen. Bei der Sortenwahl ist man also ausschließlich auf Futter- bzw. Nahrungsmittelrapssorten angewiesen. Dies gilt allgemein für alle Ölpflanzen.

„Genraps" darf in Deutschland noch nicht angebaut werden. Es ist aber wohl nur eine Frage der Zeit, bis eine solche Erlaubnis vorliegt. Gentechnisch veränderte Rapspflanzen erhalten die Fähigkeit, beispielsweise gegen bestimmte Krankheitsschädlinge oder Unkräuter unempfindlich zu werden. Dies wäre ja gut, um eventuell den Einsatz von Spritzmitteln zu reduzieren. Nicht abschätzbar sind aber die Folgen solcher menschlich induzierten Erbgutveränderungen, wenn z.B. ein Gen des Schweines, welches eine Unkrautsresistenz bei der Rapspflanzen bewirkt, in die Genabfolge der Rapspflanze eingeschleust wird. Hier sind ethische Bedenken angebracht, zumindest die Grenze zwischen Pflanzen- und Tierwelt zu beachten. Die Ausbreitung gentechnisch veränderter Samen ist nicht zu verhindern; sie ist im Falle einer nachweisbaren negativen Auswirkung auf Natur und

Samenertrag und Ölgehalt von Ölpflanzen		
Pflanzenöle im Vergleich	Ölgehalt	Samen-ertrag
	%	dt/ha
Kreuzblütler		
Raps	40-50	20-55
Rübsen	38-48	15-25
Brauner Senf	30-46	
Ölrauke	24-35	14-22
Ölrettich	38-50	16-20
Leindotter	33-42	8-30
Krambe (mit Schale)	30-45	20-30
Silberblatt	30-40	
Korbblütler		
Sonnenblume	35-52	25-40
Ölmadie	24-43	
Saflor (Färberdistel) Frucht	38-42	8-30
Spitzklette	38-42	8-30
Leguminosen		
Sojabohne	18-24	25-35
Erdnuss	38-47	
Weiße Lupine	10-21	16-34
Anden Lupine	18-20	
Öl- und Faserpflanzen		
Baumwolle	15-25	
Lein (Flachs)	30-40	12-22
Hanf	28-35	8-16
Ölmalve	16-22	7-14

Samenertrag und Ölgehalt von Ölpflanzen		
Pflanzenöle im Vergleich	Ölgehalt	Samen-ertrag
	%	dt/ha
Andere Arten		
Mohn	40-55	16-18
Olive (10-50)	15-25	12,5 t
Haselnuss	60-65	15
Kürbiskern	40-50	
Schwarzkümmel	30-35	
Schlafmohn	40-55	
Tropische Arten		
Afrikanische Ölpalme	43-60	180-200
Pourgiernuss (Jatropha)	30-34	60-80
Aleurites Arten	30-40	40-60
Kaschubaum Cashew nuss	45-60	
Neembaum	35-45	-250
Paranuss	67	
Kapokbaum	25	
Kopra, Schale der Kokosnuss	60-65	
Kokosnuss Fruchtfleisch	30-40	
Rizinus	42-50	30-50
Sesam	50-57	
Jojoba (pro Busch)	50-60	bis 14 kg
Katappenbaum	50-65	
Kakaobaum	40-50	

Tabelle 6.3: Ölpflanzen, Ölgehalt und Samenertrag,
nach Schuster und Roth [19,20]

Menschen kaum zu kontrollieren und nicht mehr rückgängig zu machen. Deshalb ist unserer Meinung nach bei der Einführung gentechnisch veränderter Pflanzen große Vorsicht geboten.

Rapsschädlinge sind überwiegend Fraßschädlinge wie Insekten und Schnecken, aber auch Pilze bedrohen die Rapskulturen. Je nach Intensität des Befalls kann dies intensive Pflanzenschutzmaßnahmen mit Insektiziden, Moluskiziden und Fungiziden erforderlich machen.

Die Rapspflanze hat einen hohen Nährstoffbedarf, vergleichbar mit Weizen oder Mais; sie gilt als „Nährstoffzehrer" (Tabelle 6.2) und erfordert damit entsprechende Düngemaßnahmen. Raps wird mit dem Mähdrescher in Deutschland meist Ende Juni bis Anfang Juli geerntet. In der schmalen Schote befinden sich rund 10 bis 20 Samenkörner (Abb. 6.1). Der Ertrag im konventionellen Anbau liegt je nach Düngungs- und Pflanzenschutzintensität und Standort zwischen 20 und 50 dt Körner pro Hektar, bei einem Ölgehalt zwischen 40% und knapp 50%. Im biologischen Anbau kann ein Ertragsniveau von 15 bis 20 dt Körner erreicht werden.

Die Ölbildung ist stark von genetischen Faktoren, aber auch von Umwelteinflüssen abhängig. Im Durchschnitt kann mit einem Ölertrag von etwa 1300 kg pro Hektar (30 dt Ertrag, 43% Ölgehalt) gerechnet werden.

Der Eiweißgehalt der Körner ist negativ mit dem Ölgehalt korreliert, d.h. je höher der Ölgehalt, umso geringer ist der Eiweißgehalt. Er liegt im Mittel bei 25%. Das Rapseiweiß ist von hoher biologischer Wertigkeit.

Etwa die doppelte Menge des Kornertrages verbleibt als Ernterückstand in Form von Rapsstroh und Stoppeln auf dem Feld und steht für die Humusbildung zur Verfügung (Abb. 6.2).

Andere Ölpflanzen

Sonnenblume, Rübsen, Rauke, Ölrettich, Leindotter, Senf, Saflor, Ölmadie, Ölziest, Lupinen, und Hanf sind weitere für den landwirtschaftlichen Anbau in Deutschland geeignete Ölpflanzen. Tabelle 6.3 zeigt das große Spektrum an verfügbaren Pflanzen, die aus ganz unterschiedlichen Pflanzenfamilien stammen. Die Landwirtschaft hat damit die Möglichkeit, für eine ausgewogene Fruchtfolge Pflanzen aus den verschiedenen Familien auszuwählen. Bedenken vor einem einseitigen Rapsanbau sind daher unbegründet, da ein vielseitiges Spektrum an Ölpflanzen zur Verfügung steht. Dies ist auch deshalb von Bedeutung, weil Krankheiten und Schädlinge innerhalb einer Familie übertragen

werden können, zwischen den unterschiedlichen Familien aber in der Regel nicht. So können durch Fruchtwechsel Krankheiten und Schädlinge reduziert, Infektionswege unterbrochen und der Einsatz von Pflanzenschutzmitteln vermindert werden.

Ein ausführlicher Überblick über die Ölpflanzen dieser Welt findet sich z.B. in dem Buch „Ölpflanzen - Pflanzenöle" von Roth und Kormann (Ecomed Verlag, 2000) und im Werk von Schuster „Ölpflanzen in Europa" (DLG Verlag, 1992).

Einige der besonders interessant erscheinenden Ölpflanzen sollen im folgenden näher beschrieben werden, um zu zeigen, dass es neben den bekannten Ölpflanzen wie Raps und Sonnenblume noch weitere im Ertrag vergleichbare Pflanzen gibt. Auch stehen uns Ölpflanzen zur Verfügung, die in ihrem Nährstoff- und Wasserbedarf weit weniger anspruchsvoll sind und eine extensive und Ressourcen schonendere Nutzung bei gleichwertigem Ertrag ermöglichen.

6.4: Ölrettich. aus: W. Schuster: Ölpflanzen in Europa. DLG-Verlag, Frankfurt, 1992

6.5: Leindotter. aus: Roth, Kormann: Ölpflanzen - Pflanzenöle. ecomed Verlag, Landsberg, 2000

Der **Ölrettich** *(Raphanus sativus var. oleiferus)* gehört wie der Raps zur Familie der Kreuzblütler und ist ihm im Wuchs sehr ähnlich. Er bildet einen 100 bis 160 cm hohen, stark verzweigten, krautigen Sproß ohne ausgeprägten Haupttrieb und eine starke tiefgehende Pfahlwurzel. Der Ölgehalt der Samen liegt zwischen 38 und 50%. Die sehr alte Kulturpflanze, die schon 2000 v. Chr. in Ägypten nachgewiesen wurde, ist ausgesprochen anspruchslos und schnellwüchsig. Sie wird hauptsächlich als Grünfutter- und Gründüngungspflanze eingesetzt sowie als Stützfrucht im Körnererbsenanbau. Ölrettich ist auch bestens geeignet als Gemengepflanze (siehe Mischfruchtanbau) mit Leguminosen, Sonnenblumen und Raps und bietet sich insbesondere für die extensive Nutzung an. Die Erträge liegen heute bei 16 bis 20 dt/ha.

Leindotter *(Camelina sativa)*, nicht zu verwechseln mit dem Lein, gehört auch zur Familie der Kreuzblütler, unterscheidet sich aber in seinem Habitus stark von Raps oder Ölrettich. Er hat eine dünne, spindelförmige Wurzel, der Stängel ist fein und nur im oberen Drittel verzweigt. Die Wuchshöhe beträgt 30 bis 120 cm. Der Ölgehalt schwankt zwischen 33 und 42%, der Eiweißgehalt entspricht dem von Raps und weist eine hohe biologische Wertigkeit auf. Die Hektarerträge liegen deutlich unter denen von Raps. Leindotter ist besonders anspruchslos. Er ist resistent gegenüber Schädlingen, die bei anderen Kreuzblütlern auftreten. Heute ist seine Bedeutung gering und liegt ausschließlich im Mischfruchtanbau. Seine Anspruchslosigkeit und große Widerstandsfähigkeit gegen Trockenheit und Hitze und sein kurzer Vegetationszyklus machen ihn aber für eine züchterische Bearbeitung interessant.

Die **Krambe** *(Crambe abyssinica)*, ein wenig verbreiteter Kreuzblütler, ist eine einjährige Pflanze. Sie wird 60 bis 140 cm hoch und zeichnet sich durch Schnellwüchsigkeit und hohen Ölgehalt aus. Der Ertrag der Krambe liegt zwischen 15 und 30 dt/ha, der Ölgehalt zwischen 38 und 45%. Die Saat der Krambe weist hohe

6.6: Krambe. aus: W. Schuster: Ölpflanzen in Europa. DLG-Verlag, Frankfurt, 1992

6.7: Sonnenblume. aus: Roth, Kormann: Ölpflanzen - Pflanzenöle. ecomed Verlag, Landsberg, 2000

Gehalte an Erucasäure und Senfölglycosiden auf, d.h. die Pressrückstände können nicht für Ernährungs- bzw. Futterzwecke verwendet werden.

Die einjährige **Sonnenblume** *(Helianthus annuus)*, ein Korbblütler, wird bis zu 3 m hoch und ist eine in Europa weit verbreitete und sehr bekannte Ölpflanze. Die Ernteerträge liegen bei 25 bis 40 dt Körner pro Hektar. Der Ölgehalt kann bis knapp über 50% betragen. Auch der beachtliche Eiweißgehalt von ca. 20% lässt der Sonnenblumensaat eine wichtige Rolle in der menschlichen und tierischen Ernährung zukommen.

Saflor/Färberdistel *(Carthamus tinctorius)* ist ebenfalls ein Korbblütler mit hoher Trockenresistenz und Ölqualität. Das gewonnene Distelöl ist ernährungsphysiologisch sehr hochwertig. Der Pressrückstand ist als Viehfutter verwertbar. Nennenswerte Anbauflächen finden sich nur in Südeuropa.

Die **Spitzklette** *(Xanthium strumarium bzw. echinatum)* weist Ölgehalte von 38 bis 42% und Eiweißgehalte von über 40% auf. Sie ist eine sehr anspruchslose Wildpflanze mit Erträgen von 8 bis 30 dt/ha!

Die Leguminosen oder Hülsenfrüchte zählen eigentlich zu den Eiweißlieferanten, einige wenige werden aber auch wegen des Ölgehaltes angebaut. Leguminosen leben in Symbiose mit Knöllchenbakterien. Diese sitzen an den Wurzeln und sind in der Lage, aus der Luft Stickstoff zu binden und diesen für die Pflanze verfügbar zu machen! Sie haben deshalb einen sehr hohen Wert in der Fruchtfolge und zählen zu den leistungsfähigsten Kulturpflanzen.

Zu ihnen gehört die **Sojabohne** *(Glycine max)*. Die Pflanze wächst oberirdisch buschförmig oder auch bis zu 2 m hoch rankend und besitzt eine bis zu 2 m tiefe Pfahlwurzel. Die außerordentliche Wertschätzung der Sojabohne liegt in ihrem hohen Gehalt an qualitativ sehr hochwer-

6.8: Saflor/Färberdistel. aus: W. Schuster: Ölpflanzen in Europa. DLG-Verlag, Frankfurt, 1992

6.9: Spitzklette. aus: W. Schuster: Ölpflanzen in Europa. DLG-Verlag, Frankfurt, 1992

tigem Eiweiß und Fett (40% Protein, 20 – 25% Öl) sowie an Vitamin E begründet. Sojaeiweiß besteht zu 39% aus essentiellen Aminosäuren und wird daher als vollwertiges pflanzliches Eiweiß bezeichnet. Die Erträge liegen bei 25 bis 35 dt/ha. Die Pflanze ist wärmeliebend und wird vorwiegend in Südeuropa angebaut.

Die **Erdnuss** *(Archis hypogaea)*, eine bis 50 cm hohe, krautige Pflanze, gehört ebenfalls zu den Leguminosen. Die Früchte wachsen ca. 6 cm tief im Boden. Der Ölgehalt der Nüsse liegt bei 40 bis 50%, der Proteingehalt bei 26 bis 32%.Die Pflanze hat ein hohes Wärmebedürfnis und wird in Europa kaum angebaut.

Auch unter den Bäumen und Sträuchern finden wir Öllieferanten wie den Olivenbaum, die Wal-, Hasel- und Purgiernuss oder die Ölpalme.

Die afrikanische **Ölpalme** *(Elaeis guineensis)* wird im tropischen Afrika, aber auch in Malaysia und Indonesien kultiviert. Ein einzelner Fruchtstand der bis zu 30 m hohen Palme kann 25 kg schwer sein und bis zu 4000 Früchte haben. Ab dem 12. Lebensjahr hat die Palme ihre volle Ertragsleistung erreicht, die bis zum 20. Lebensjahr konstant bleibt. Der Durchschnittsertrag pro Pflanze liegt bei 120 kg Früchten mit 43 bis 60% Ölgehalt. Pro Hektar können bis zu 10.000 l Öl „geerntet" werden. In Malaysia wird dieses Pflanzenöl auch schon als Treibstoff eingesetzt. Die Firma Elsbett arbeitet mit einem Ölhersteller an der Einführung der Pflanzenöltechnologie.

Viele Ölpflanzen sind Wildpflanzen, die noch nie landwirtschaftlich genutzt wurden. Einige werden für medizinische oder kosmetische Zwecke bereits verwendet und angebaut. Hier liegen große Chancen für die künftige Versorgung mit Pflanzenölen und möglicherweise ungeahnte Kapazitäten für die Kraftstoffnutzung.

6.10: Sojabohne. aus: W. Schuster: Ölpflanzen in Europa. DLG-Verlag, Frankfurt, 1992

6.11: Frucht der Ölpalme. aus: Roth, Kormann: Ölpflanzen - Pflanzenöle. ecomed Verlag, Landsberg

6.2 Fruchtfolge und Fruchtfolgewert

Ölpflanzen werden mit anderen landwirtschaftlichen Kulturen in einer Fruchtfolge angebaut. Das heisst, es entsteht eine mehrjährige Rotation verschiedener Fruchtfolgeglieder auf ein- und demselben Feld. Beispielsweise könnte in einer konventionellen Fruchtfolge im ersten Jahr Raps, im zweiten Winterweizen, im dritten Roggen stehen und im vierten Jahr wäre die Fläche stillgelegt. Erst im fünften Jahr folgt wieder Raps und die Rotation beginnt von vorne. Baut man Raps in kürzeren als Vierjahresabständen an, wird der Schädlingsdruck enorm und der Anbau unwirtschaftlich. Mehr oder weniger gilt dies für alle landwirtschaftlichen Kulturen. Andererseits unterbricht das Fruchtfolgeglied „Raps" in der angenommenen Fruchtfolge die Infektionskette von Getreidekrankheiten. Inhaltsstoffe der Rapspflanze wirken auf pathogene Pilze im Boden ein und senken dadurch die Befallshäufigkeit von Getreide z.B. durch Erreger der Schwarzbeinigkeit und von Fusarium um über die Hälfte. Dieser Fruchtfolgeeffekt spricht grundsätzlich gegen die potentielle Gefahr, dass aufgrund sehr hoher Nachfrage nach Pflanzenölen verstärkt Ölpflanzen-Monokulturen angelegt werden. Eine weit gestellte und damit nachhaltige und umweltverträgliche Energiefruchtfolge könnte beispielsweise etwa so aussehen, wie in Tabelle 6.4 dargestellt.

Energiefruchtfolge		
Anbau jahr	Frucht	Energetische Nutzung
1	Winterraps (Ernte Juni/Juli)	Öl als Treibstoff
2	Winterroggen (Ernte Mai)	Ganzpflanzensilage zur Vergärung in der Biogasanlage
2	Mais (Ernte November)	Maissilage zur Vergärung
3	Mischfruchtanbau Wintererbse/-gerste (Ernte Mai/Juni)	Ganzpflanzensilage zur Vergärung in der Biogasanlage
4	Winterraps	Öl als Treibstoff

Tabelle 6.4.: Beispiel einer Energiefruchtfolge

6.12
Mischfruchtanbau von Sommerweizen mit Leindotter.

6.13: Erbse-Leindotter-Mischanbau.
Die schnelle Jugendentwicklung und die Rosettenbildung des Leindotters hemmen die Verunkrautung.

6.3 Mischfruchtanbau

Eine aus dem Biolandbau kommende, aber auch für den konventionellen Bereich interessante Anbauform ist der Mischfruchtanbau. Durch Kombination von zwei oder mehreren Früchten kann gegenüber dem Reinanbau ein höherer Ertrag erzielt werden (siehe Abb. 6.17). Man sät beispielsweise neben der Hauptfrucht Futtererbse im gleichen Arbeitsgang auch die Ölfrucht Leindotter gemeinsam aus und erntet später neben der üblichen Erbsenmenge auch noch den Ölertrag, den man zur Bestellung, Pflege und Ernte dieses Feldes an Kraftstoff benötigt. Häufig ergeben sich dabei weitere Synergieeffekte, und der Ertrag der Hauptfrucht liegt sogar höher als bei Reinsaat – ein bestechendes System, das bei ökologisch orientierten Lebensmittelherstellern wie Hipp-Babynahrung oder der Ökobrauerei Neumarkter Lammsbräu zur Anwendung kommt. Letztere lässt ihre Braugerste zusammen mit Leindotter anbauen. Die Erträge und vor allem die Qualität der Braugerste entsprechen der Reinsaat, gleichzeitig werden zusätzlich etwa 80 l Pflanzenöl/ha erzeugt, die für die Bestellung und Ernte der Fläche benötigt werden.

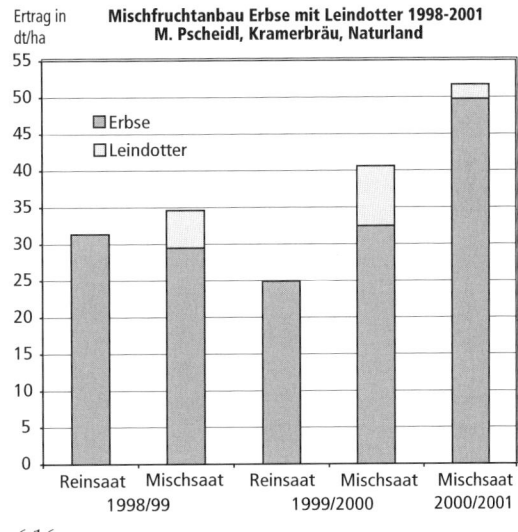

6.16
Ertragssteigernde Wirkung des Mischfruchtanbaus bei Erbse mit Leindotter.

6.14
Die Ernte von Erbse und Leindotter werden über Siebe getrennt.

6.15
Das Zweitanksystem Pflanzenöl und Diesel der Firma Lammsbräu.

So können auch Winterraps und Wintergerste gemeinsam ausgesät werden. Entsprechende Versuche im Bioanbau lieferten Erträge von durchschnittlich 2 bis 3 dt/ha Raps und 30 bis 33 dt/ha Wintergerste.

Durch den Mischfruchtanbau könnten Ölpflanzen häufiger in der Fruchtfolge auftreten als im Reinanbau. Dadurch kann die Pflanzenölproduktion pro Fläche schonend aber effektiv erhöht werden.

6.4 Verdrängung des Nahrungsmittelanbaus

Kritiker des Ölpflanzenanbaus für Kraftstoffzwecke argumentieren oft damit, dass der Ölpflanzenanbau den Nahrungsmittelanbau verdrängen könnte. In der Realität sind die europäische und nordamerikanische Landwirtschaft aber heute geprägt von Überproduktion und Flächenstilllegung. Gerade die wegen der Überproduktion in der EU und Nordamerika gezahlten Exportsubventionen machen es für die Bauern in den Entwicklungsländern häufig unmöglich, ihre Produkte zu kostendeckenden Preisen zu verkaufen. Dadurch bleibt ihnen kaum anderes möglich, als ihre Lebensmittel billigst auf dem Weltmarkt zu verschleudern, so dass die Steuerzahler in den Industrieländern indirekt den Hunger in den Dritte-Welt-Ländern „subventionieren". Die Folge: Die Bauern in den Entwicklungsländern, deren Produktion nicht mehr lohnt, ziehen mit ihren Familien in der Hoffnung auf bessere Einkommensmöglichkeiten in die großen Städte, wo sie in den Slums zunehmend verarmen. Hier würde die Entlastung der heimischen Nahrungsmittelmärkte durch den Anbau von Ölpflanzen für technische Zwecke, den Exportdruck und die Exportsubventionen reduzieren und den Bauern in den Dritte Welt Ländern eine Chance geben, ihre landwirtschaftlichen Produkte zu vernünftigen Preisen zu verkaufen. Insofern kann der Ölpflanzenanbau sogar eine Chance für die Dritte-Welt-Länder sein. Aber auch in den 3. Welt-Ländern kann der Öl-pflanzenanbau zukunftsweisend sein. In Mali z.B. wird das Öl der Purgiernuss für Treibstoffzwecke genutzt. Die Purgiernuss ist eine Pflanze der Tropen, besonders trockenresistent und daher in der Sahelzone anzutreffen. Sie ist weder als Futter- noch Nahrungsmittel geeignet und wird vorwiegend in Hecken zur Begrenzung der Felder und, viel bedeutsamer, als Erosionsschutz angepflanzt. Die Nuss enthält 30 bis 34% Öl. Die Nüsse werden gesammelt, gepresst und das Öl in Fahrzeugen oder kleinen Mühlen als Treibstoff genutzt. Das aufwendige Mahlen von Mais oder Hirse wird dadurch sehr erleichtert, und die selbsterzeugten Produkte können rasch zum Verkauf in die nächst gelegenen Stadt transportiert werden. Informationen über entsprechende Pilotprojekte bieten das African Centre for Plant Oil Technology (Adresse siehe Anhang unter Mali Folkecenter).

Ein anderes Beispiel: Malaysia ist der weltgrößte Exporteur von Palmöl. Warum sollte man nicht Palmöl aus Malaysia für Treibstoffzwecke importieren? Auch das Erdöl wird aus den Förderländern über große Entfernungen zu den Verbrauchern importiert, was immer wieder mit katastrophalen Umweltschäden und politischen Krisen verbunden ist. Wenn es gelingt, Ölproduktion und Ölhandel an soziale und ökologische Standards zu knüpfen, könnte die Pflanzenölproduktion große Möglichkeiten für die Erzeugerländer bieten.

7 Ressourcenverbrauch und Umweltbelastung

7.1 Die Energiebilanz

Für den Ölpflanzenanbau und die Ölherstellung werden Ressourcen in Form von Energie, Dünge- und Pflanzenschutzmitteln, Maschinen, Saatgut usw. verbraucht. Würde auf den Anbau von Ölpflanzen verzichtet, kämen vermutlich andere Früchte zum Anbau, die Ressourcen in ähnlicher Größe beanspruchten. Eine Ausnahme bilden Stilllegungsflächen, Flächen also, die nicht für die landwirtschaftliche Produktion genutzt werden. Sie erfordern zwar keinen Aufwand für Dünger und Pflanzenschutzmittel, dennoch ist ein gewisser Pflegeaufwand notwendig.

Der Ressourcenverbrauch der Pflanzenölherstellung kann unter anderem durch den Energieverbrauch ausgedrückt und quantifiziert werden. In Tab. 7.1. sind für Treibstoffe verschiedener Herkunft die Energiebilanzen dargestellt. Alle Bioenergieketten liefern deutlich mehr Energie als sie verbrauchen. Auch die anfallenden Nebenprodukte Stroh und Presskuchen enthalten Energie (Abb.7.1. Abb. 7.2.). Werden diese auch noch energetisch verwertet, so steigt der Energiegewinn auf über 100 GJ pro Hektar. Erstaunlich ist, dass die Herstellung von Rapsme-

thylester nicht wesentlich mehr Energie verbraucht als unverestertes Rapsöl. Auch hier sind sich die Experten mittlerweile einig. Die Veresterung hat zwar einige Verfahrensschritte mehr und verbraucht deshalb mehr Energie, die Energiebilanz bleibt aber dennoch deutlich positiv. So wird beispielsweise für die dezentrale Ölherstellung nur 15 % derjenigen Energie benötigt, die im geernteten Samen und dem daraus gewonnenen Pflanzenöl steckt. Von den 15 % sind gut ein Viertel oder 4 % für die mechanische Bearbeitung aufzuwenden, 8 % oder etwa die Hälfte entfallen auf den Einsatz von synthetischen Dünge- und Pflanzenschutzmitteln und 3 % auf das Pressen der Samen. Der Energieaufwand erhöht sich mit den Verarbeitungs- und Mechanisierungsstufen. So verbraucht die zentrale bzw. industrielle Ölherstellung 27 % der geernteten Energie.

Die Grafik in Abb. 7.4 macht deutlich, dass trotz des Energieverbrauchs für Anbau, Ernte und Ölherstellung die Energiebilanz insgesamt deutlich positiv ist. Rund 25 MJ je Liter Rapsöl (= 6,9 kWh/l) bleiben nach Abzug der Herstellungsenergie netto übrig.

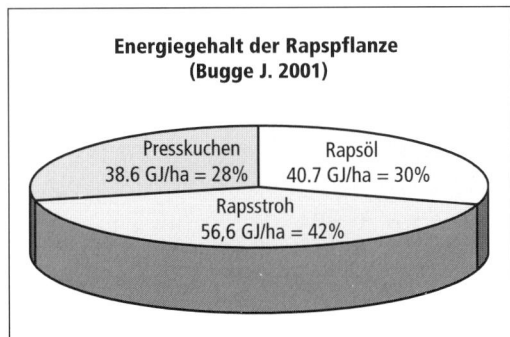

7.1: Energiegehalt der Rapspflanze [9].

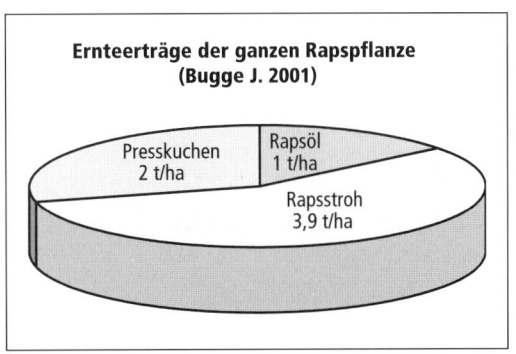

7.2: Ernteerträge der ganzen Rapspflanze [9].

Wird das Pflanzenöl weiter zu Pflanzenölmethylester verarbeitet, müssen für die Veresterung weitere 15 % der enthaltenen Energie aufgewendet werden, so dass insgesamt etwa ein Drittel der im Pflanzenölmethylester steckenden Energie für die Produktion verbraucht wird. Somit ergibt sich auch für Pflanzenölmethylester immer noch eine deutlich positive Energiebilanz.

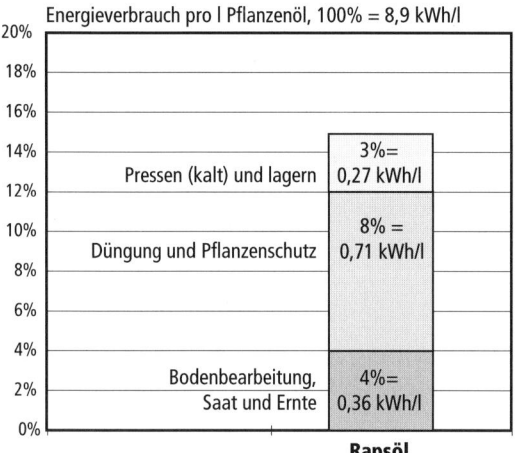

7.3
Energieverbrauch der dezentralen Rapsölherstellung. [4]

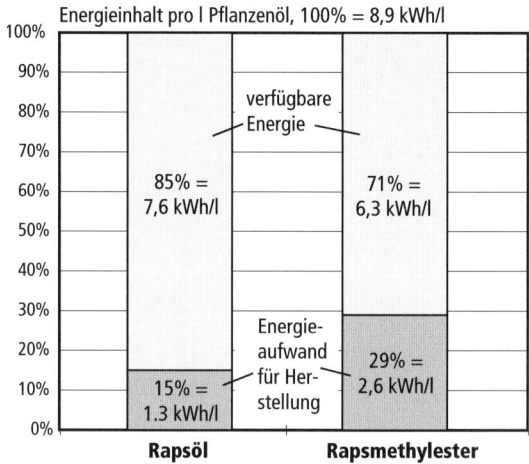

7.4
Energieaufwand und -nettoproduktion pro Liter Pflanzenöl [4]. Leichte Unterschiede bei den Zahlenwerten sind durch unterschiedliche Berechnungsverfahren und durch die Schwankungen der Energiedichte begründet.

Energiebilanzen verschiedener Bioenergieketten			
Verfahren	Energiebilanz Output/ Input-Verhältnis	Energieanteil für die Herstellung %	Energie-gewinn GJ/ha
Öl aus Sonnenblume, Prozessenergie Stroh	6,2	14	144
Öl aus Körnerraps, Stroh bewertet	4,1	20	94
Öl aus Sonnenblume	2,8	26	43
Öl aus Körnerraps industriell	2,7	27	38
Öl aus Körnerraps dezentral kalt gepresst	5,6	15	154
RapsMethylEster RME	1,9	34	27
Ethanol a. Zuckerrübe, Rübenschnitzel bewertet	1,7	37	104
Ethanol aus Mais, Stroh bewertet	3,0	25	153

Tabelle 7.1
Energiebilanzen verschiedener Bioenergieketten. zusammengestellt nach [4] und [25].

7.2 Auswirkungen auf Landwirtschaft und Umwelt

Der Ölpflanzenanbau zur Kraftstoffnutzung bringt wirtschaftlich gesehen nur Vorteile für die Landwirte. Zum einen wird ein neuer Absatzmarkt für Ölsaaten und Öle geschaffen, der unabhängig von der weltweiten Nahrungsmittelpolitik ist und zum anderen führt vor allem die dezentrale Ölherstellung zu einer starken regionalen Bindung der Wertschöpfung. Alle Stufen vom Anbau bis zur Nutzung verbleiben beim dezentralen Ansatz in der Region. Dies fördert und sichert dadurch Arbeitsplätze und den Erhalt der heimischen Landwirtschaft, mit ihren so wichtigen Aufgaben für Mensch und Natur.

Aus ökologischer Sicht ist zunächst zu beachten, dass es in der konventionellen Landwirtschaft zum Einsatz von synthetischen Dünge- und Pflanzenschutzmitteln kommt und dadurch Belastungen von Böden und Gewässern nicht auszuschließen sind. Kommt es zu einer erhöhten Nachfrage von Ölsaaten, werden zunächst jene Feldfrüchte aus der Fruchtfolge verdrängt, die einen geringeren wirtschaftlichen Nutzen bringen. Wie im Kapitel 6 schon beschrieben liegen die Hauptanbaufrüchte in ihrem Nährstoff- und Pflanzenschutzbedarf ähnlich, so dass in der Umweltbilanz die Belastung gleich bleibt. Kommt es zu einem verstärkten Anbau an Ölfruchten, zu einer engeren Fruchtfolge also, besteht kurzfristig die Gefahr eines vermehrten Pflanzenschutzmitteleinsatzes und damit u.U. negative Folgen für die Umwelt. Mittelfristig meinen wir, dass dann viel eher auf neue und anspruchslosere Sorten und den Mischfruchtanbau gegriffen wird, da die Erhaltung der hohen Intensität mit sehr hohen Betriebskosten verbunden ist. Die Fruchtfolgen werden sich wieder an die Pflanzenansprüche anpassen. Die

zahlreichen noch ungenutzten Ölpflanzen, die sich durch Anspruchslosigkeit und hohen Ölertrag auszeichnen, könnten hier einen Beitrag zur Diversifizierung und zur Umweltentlastung leisten.

Ein weiteres Risiko wäre die Ausdehnung der Ackerfläche aufgrund erhöhter Ölnachfrage. Diesem Risiko sind klar Grenzen gesetzt: Absolute Grünlandstandorte (gekennzeichnet durch schwere, nasse Böden und viel Niederschlag) werden auch bei hohen Erlösen keine Ackerstandorte werden. Die Gefahr besteht eher bei jenen Flächen, die aus der Produktion genommen und in Grünland umgewandelt wurden.

Ein größeres Risiko scheint unseres Erachtens in den südlichen Ländern zu liegen. Denn dort fehlen meist Umweltauflagen für den Einsatz von chemischen Pflanzenschutz- und Düngemitteln. Auch besteht dort die Gefahr der Rodung von ökologisch wichtigen Gebieten, wie z.B. in Malaysia, wo hektarweise Regenwaldflächen für den Ölpalmenanbau in Monokultur abgerodet werden, viel eher als bei uns, wo doch

7.5
Für die Landwirtschaft könnte der Anbau von Energiepflanzen eine zusätzliche Einkommensquelle bringen.
Quelle: UFOP

sehr vieles schon geregelt erscheint. Einer solchen Entwicklung können wir hier nur entgegen wirken, indem Treibstoffimporte an die Erfüllung bestimmter Qualitätskriterien gebunden werden, und damit meinen wir nicht nur Qualitätsansprüche an den Kraftstoff, sondern auch an die Herstellungs- und Produktionsbedingungen, ähnlich wie wir das schon aus dem biologischen Anbau kennen.

Auch wenn uns die Landbewirtschaftung ohne den Einsatz von Chemie als besonders förderungswürdige Form der Landwirtschaft erscheint, müssen wir feststellen, dass unter den heutigen agrarpolitischen Rahmenbedingungen und bei der gegebenen Subventionierung fossiler Kraftstoffe leider allein die konventionelle Landwirtschaft dazu in der Lage ist, Pflanzenölkraftstoffe zu konkurrenzfähigen Preisen bereitzustellen. Solange keine zusätzlichen Ackerflächen erschlossen und konventionell bewirtschaftet werden, ist davon auszugehen, dass durch eine Ausweitung des Ölpflanzenanbaus in Europa infolge verstärkter Nachfrage nach Pflanzenölkraftstoffen keine zusätzlichen Umweltbelastungen zu erwarten sind.

Konsequenterweise muss die Pflanzenölproduktion zur Kraftstoffnutzung mit der Ökologie der petrochemischen Ölförderung und -bereitstellung verglichen werden. Problematisch sind hierbei:

- hohe Emissionswerte des starken Treibhausgases Methan,
- Leckagen von Leitungen und Pipelines,
- katastrophale Umweltschäden durch Tankerunglücke,
- ökologisch zerstörte Flächen nach der Schließung der Standorte,
- negative soziale, gesellschaftliche, finanzielle und kriegerischen Aspekte, vorwiegend in den Förderländern,
- die Endlichkeit der fossilen Ressourcen und die Tatsache, dass sie nur in bestimmten Staaten zu finden sind.

In Anbetracht dieser Schäden und Gefahren ist jeder Tropfen Pflanzenöl, der anstelle von Erdöl verbraucht wird, die bessere Alternative für unsere Zukunft, egal ob er nun konventionell oder biologisch erzeugt wurde.

7.3 Klimaschutz

Hauptverursacher des Treibhauseffektes ist das Kohlendioxid (CO_2). Dessen zunehmende Freisetzung durch den immensen Verbrauch an fossilen Energieträgern gilt als Hauptgrund für die Klimaerwärmung und die Zunahme von extremen Wetterlagen wie Dürren, Überschwemmungen, Stürmen usw. In einer Prognose hat die Münchner Rückversicherung für die Jahre nach 2047 die Kosten zur Behebung klimabedingter Schäden auf rund 310 Mrd. Euro pro Jahr beziffert!

Das Kohlendioxid stammt überwiegend aus der Nutzung von Energieträgern wie Kohle, Erdöl und Erdgas. Es lässt sich nicht durch Filter, Katalysatoren o.ä. zurückhalten, ist also nur ver-

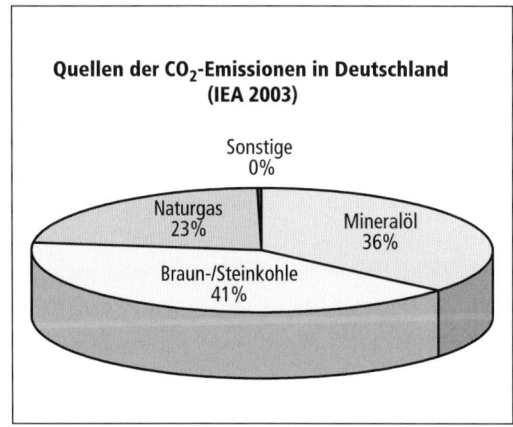

7.6
Quellen der CO_2-Emissionen in Deutschland [UBA].

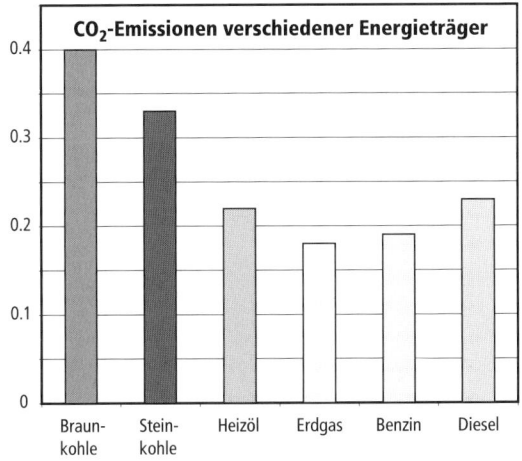

7.7
CO_2-Emission verschiedener Energieträger

Anteile verschiedener Branchen an den CO_2-Emissionen

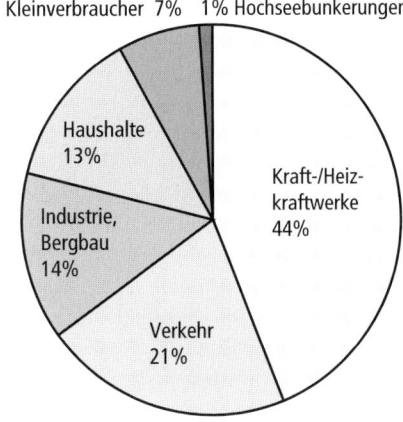

7.8
Anteile der Branchen an den Emissionen in Deutschland

meidbar, wenn die Verbrennung kohlenstoffhaltiger Energieträger eingeschränkt wird (Abb. 7.6, Abb. 7.7.). In Deutschland trägt allein der Verkehrssektor mit 21% zu den CO_2-Emissionen bei (Abb. 7.8).

Auch Pflanzenöle enthalten Kohlenstoff und geben ihn bei ihrer Verbrennung als CO_2 ab. Hierbei handelt es sich aber um genau die Menge, welche die Pflanze während ihres Wachstums aus der Luft aufgenommen hat. Das CO_2 bewegt sich also im Kreislauf, die Konzentration in der Atmosphäre bleibt konstant.

Dagegen gelangt bei der Verbrennung von Erdöl und Erdgas oder von Braun- und Steinkohle Kohlenstoff in die Atmosphäre, der dem natürlichen Kreislauf – in seinen unterirdischen Lagern – über viele Millionen Jahre entzogen war. Im Gegensatz zur Kreislaufwirtschaft beim Pflanzenöleinsatz wird die CO_2-Konzentration der Atmosphäre durch Nutzung der „fossilen" Energieträger erhöht.

Ganz konkret entstehen bei der Verbrennung von 1 Liter Dieselkraftstoff 2,7 kg CO_2, die zur Erhöhung des atmosphärischen CO_2-Anteils beitragen. Ersetzt man den Dieselkraftstoff durch Pflanzenöl, entsteht in etwa dieselbe CO_2-

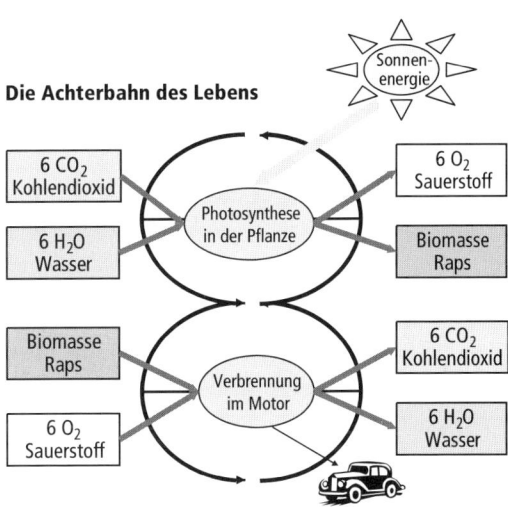

7.9
Der CO_2-Kreislauf des Rapses bei der Nutzung als Kraftstoff.

83

Menge, die jedoch in Jahresfrist durch die öl-produzierenden Pflanzen wieder der Atmosphäre entzogen wird. Verbraucht ein Autofahrer 2000 Liter Dieselkraftstoff pro Jahr, so produziert er damit rund 5 Tonnen CO_2. Das ist fast die Hälfte der 12 Tonnen CO_2, die jeder Deutsche durchschnittlich pro Jahr verursacht. Wer die 2000 l Dieselkraftstoff durch Pflanzenöl ersetzt, kann damit also seine persönliche CO_2-Last um fast 50 % reduzieren!

7.4 Gewässerschutz

Im deutschen Wasserhaushaltsgesetz sind verschiedene Wassergefährdungsklassen aufgeführt, um Stoffe hinsichtlich der potentiellen Gefahren für die Gewässer zu klassifizieren. Reines Pflanzenöl wird danach als nicht wassergefährdender Stoff bewertet. Pflanzenölmethylester hat Lösungsmitteleigenschaften (leicht ätzend) und wird daher wie Rohöl und schweres Heizöl der Wassergefährdungsklasse 1 („schwach wassergefährdend") zugeordnet. Dieselkraftstoff gehört zur Klasse 2 („wassergefährdend") und Benzin zur Klasse 3 („stark wassergefährdend").

Pflanzenöl wird innerhalb von 21 Tagen zu über 95 % biologisch abgebaut und deshalb vor allem in umweltsensiblen Gebieten empfohlen. Es darf überall ohne Auflagen eingesetzt werden.

Dagegen sind schon sehr geringe Mengen an Mineralöl im Wasser (5 mg pro l) für Fische tödlich. In den 70er Jahren bemerkten aufmerksame Umweltschützer, dass sich auf den Oberflächen von viel befahrenen Seen dünne Ölfilme ausbreiteten. Untersuchungen ergaben, dass über die Schiffsmotoren Kohlenwasserstoffe (Kraftstoffe) in die Gewässer gelangen und sie schwer belasten. Für den Bodensee, der für einige Anliegergemeinden das Trinkwasserreservoir darstellt, wurde eine jährliche Belastung von 500 t Kohlenwasserstoffe ermittelt.

Deshalb ist es schwer verständlich, warum der Einsatz von naturbelassenen Pflanzenölen in der Binnenschifffahrt kaum Anwendung findet und warum er nicht insbesondere von der öffentlichen Hand gefordert und gefördert wird.

7.10
Die Nutzung von Rapsöl in der Schifffahrt ist ein Beitrag zum Gewässerschutz.

7.5 Zusammenfassung der Umwelteffekte

- Die Nutzung von Pflanzenölkraftstoffen in umgerüsteten Motoren führt nicht zu einer Erhöhung der Abgasemissionen. Die Abgaswerte sind vergleichbar oder geringer als beim Einsatz von Dieselkraftstoff.

- Für die Herstellung der Pflanzenöle werden 15 % der im Öl enthaltenen Energie benötigt, bei PME 30 %. Die Energiebilanz ist also in jedem Fall positiv.

- Eine Ausdehnung des Ölpflanzenanbaus infolge erhöhter Nachfrage nach Pflanzenölen wird bei Anwendung der guten fachlichen Praxis in der Landwirtschaft nicht zu einer zusätzlichen Umweltbelastung führen.

- Pflanzenöle sind regenerative Energieträger, sie können jederzeit wieder gewonnen werden, und zwar überall auf der Welt!

- Pflanzenöle sind frei von Schwefel, Schwermetallen und Radioaktivität. Bei geschlossenem Erzeugungs-Nutzungs-Kreislauf trägt ihre Verbrennung nicht zum Treibhauseffekt bei.

- Der Einsatz von Pflanzenölen ist weder bodenbelastend, noch wassergefährdend. Daher sollten sie vor allem in umweltsensiblen Gebieten Verwendung finden.

- Pflanzenöle sind nicht explosiv (jährlich verlieren 500 Menschen in Deutschland durch brennenden Kraftstoff ihr Leben). Weder beim Transport, noch bei der Lagerung oder beim Tanken entstehen giftige Gase.

- Solange durch Subventionszahlungen noch Flächen aus der landwirtschaftlichen Produktion genommen werden, um Überschüsse abzubauen und Erzeugerpreise stabil zu halten, kann von einer Gefährdung der Nahrungsmittelproduktion nicht ausgegangen werden.

- Bislang gibt es praktisch keine verfügbare Alternative zu Pflanzenölen. Vom Wasserstoffauto und den so genannten sun fuels sind wir noch weit entfernt.

8 Pflanzenölproduktion und Treibstoffbedarf

8.1 Entwicklung des Energieverbrauchs

Nach einer vom Mineralölkonzern Shell in Auftrag gegebenen Studie wird sich der Weltenergieverbrauch in den nächsten 50 Jahren etwa verdreifachen. Wesentliche Ursachen hierfür sind die wachsende Weltbevölkerung von derzeit rund 6 Milliarden auf dann 10 Milliarden Menschen und der wirtschaftliche Nachholbedarf in den Entwicklungsländern. Gleichzeitig wird der Anteil fossiler Energieträger am Gesamtenergieverbrauch ab dem Jahr 2020 stetig geringer, weil ihre Verfügbarkeit abnimmt (Abb. 8.1).

Die zur Neige gehenden fossilen Reserven und die aus ihrer Verwendung resultierende ökologische und soziale Problematik zwingen uns, nach Alternativen zu suchen. Erneuerbare Energieformen, und dazu gehört auch die Biomassenutzung, werden die fossilen Energien ersetzen müssen. Als ein mögliches Zukunftsszenario zeigt die Shell-Studie, wie fossile Energien zunehmend von den Erneuerbaren verdrängt werden (Abb. 8.2). Um das Jahr 2020 werden einige erneuerbare Energien ihre volle Wirtschaftlichkeit erreicht haben, um 2050 wird deren Anteil am Gesamtenergieverbrauch bis zu 50 % betragen müssen.

Der Dieselkraftstoffbedarf in Deutschland liegt heute bei 27 Millionen Tonnen pro Jahr. Laut Prognose wird der Pkw-Bestand bis zum Jahr 2020 auf 52 Millionen Fahrzeuge ansteigen. Der Dieselanteil am Fahrzeugbestand wird sich von heute 15 auf 40 % erhöhen. Entsprechend wird auch der Kraftstoffbedarf ansteigen.

Die große Frage ist also, wie viel Dieselkraftstoff wir in Deutschland, in der EU und weltweit ohne Gefährdung der Umwelt durch Pflanzenöle ersetzen können. Dabei sind die zukünftigen Potenziale, d.h. die Entwicklungsmöglichkeiten, zu betrachten:

- Das *Anbaupotenzial*: Welche Flächen stehen in Deutschland, in Europa oder weltweit unter Berücksichtigung pflanzenbaulicher Gesichtspunkte wie z.B. der Fruchtfolge für den Ölpflanzenanbau heute und zukünftig zur Verfügung?

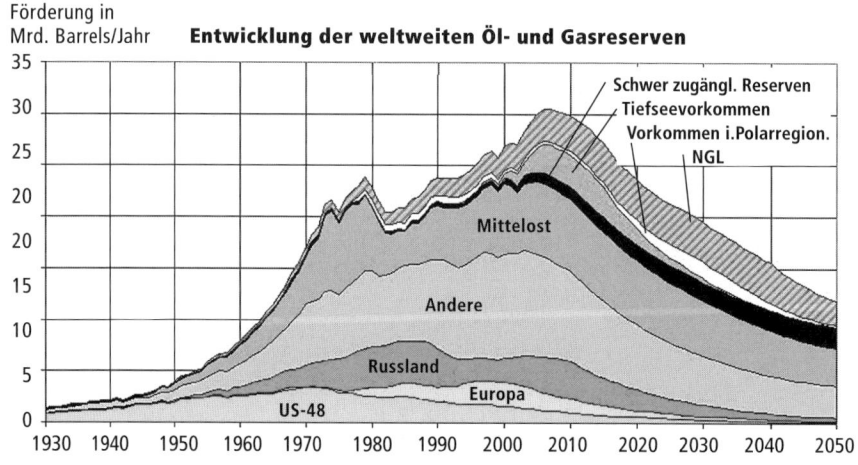

8.1: Weltweite Öl- und Gasreserven aus Sicht des Jahres 2004 [26].

- Das *Potenzial des züchterischen Fortschritts*: Wie kann der Ölertrag durch züchterische Maßnahmen erhöht werden?

- Das *technische Potenzial:* Wie können durch technische Maßnahmen der Kraftstoffverbrauch reduziert und die Motoren optimiert werden?

8.2 Pflanzenölangebot und -nachfrage in Deutschland

In Deutschland werden derzeit auf rund 1,3 Millionen Hektar Ölsaaten angebaut. 800.000 Hektar davon werden rein mit Raps bestellt. Die daraus verfügbare Ölmenge von ca. 1,3 Mio. Tonnen wird sowohl für Speisezwecke als auch technische Zwecke verwendet. 2003 gingen nach Angaben der Fachagentur für nachwachsende Rohstoffe 110.000 t Pflanzenöl in die Oleochemie, 45.000 t in die Herstellung von Hydraulik- und Schmierstoffen, 650.000 t wurden als Biodiesel abgesetzt (Abb. 8.3). Insgesamt werden in Deutschland 2,5 Millionen Tonnen pflanzliche Öle und Fette umgesetzt (Deutscher Ölmühlenverband). Die finden ihre Verwendung mit rd. 50% überwiegend im Nahrungsmittelgewerbe.

Die wichtigste Ölpflanze in Deutschland ist der Raps. Er kann nur alle vier Jahre auf demselben Feld angebaut werden, da sich anderenfalls Rapsschädlinge so stark vermehren, dass es zu hohen Ertragsausfällen kommt.

Die gesamte Ackerfläche in Deutschland beträgt 12 Millionen Hektar (1 ha = 10.000 m²). Das heißt, in Deutschland können pro Jahr 3 Millionen Hektar Raps angebaut werden, wobei unterstellt wird, dass alle Standorte auch für den Rapsanbau geeignet sind. Das ist das Dreifache dessen, was derzeit in Deutschland angebaut wird.

Bei einem wenig intensiven Produktionsniveau beläuft sich der Hektarertrag auf 3000 kg Körner mit einem Ölgehalt von 40%. Bei dezentraler Kaltpressung mit 15% Verlust wird also rd. 1 t Rapsöl pro Hektar geerntet. In Deutschland könnten somit rund 3 Mio. Tonnen Rapsöl mit einem umweltverträglichen Produktionsniveau jährlich erzeugt werden. Bei einer spezifischen Dichte von 0,91 kg/l sind das umgerechnet 3,3 Milliarden Liter Rapsöl.

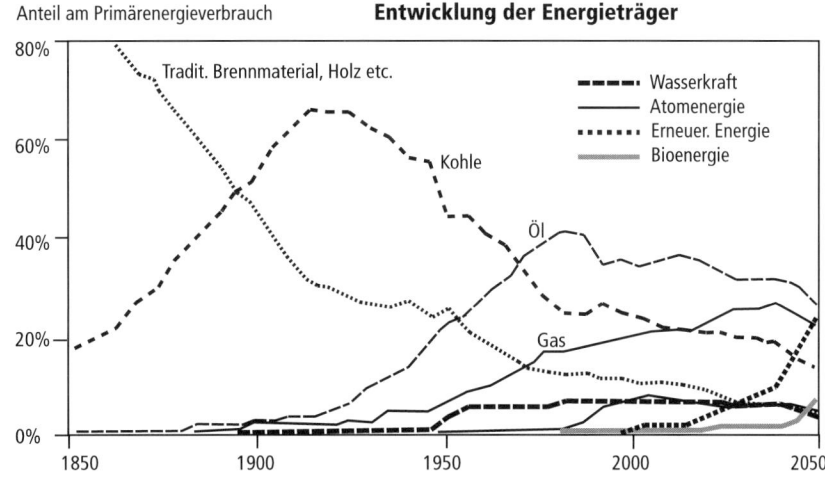

8.2: Anteil der Energieträger am Primärenergieverbrauch gestern, heute und morgen. mach Shell [27].

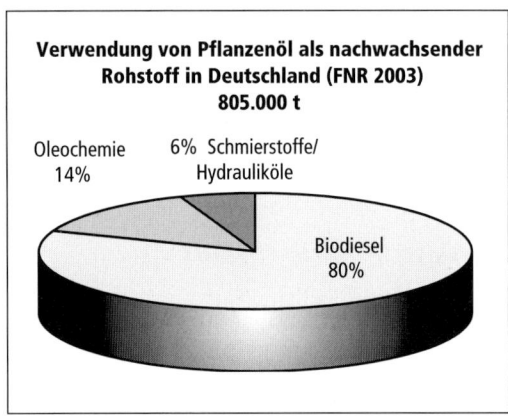

Verwendung von Pflanzenöl als nachwachsender Rohstoff in Deutschland (FNR 2003)
805.000 t

Oleochemie 14%

6% Schmierstoffe/Hydrauliköle

Biodiesel 80%

8.3
Verwendung von Pflanzenölen in Deutschland 2003 (FNR)

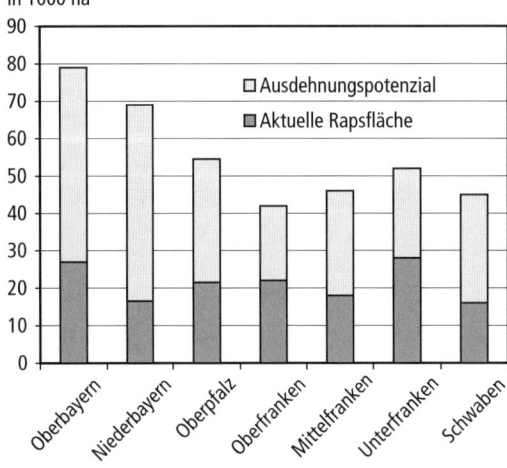

Anbau- und Ausdehnungspotenzial von Raps als nachwachsender Rohstoff in Bayern (Prestele, 2001)

in 1000 ha

☐ Ausdehnungspotenzial
■ Aktuelle Rapsfläche

Oberbayern, Niederbayern, Oberpfalz, Oberfranken, Mittelfranken, Unterfranken, Schwaben

8.4
Anbau- und Ausdehnungspotenzial von Raps am Beispiel Bayern.

Wir könnten also heute schon ohne größere Anstrengung 10% des deutschen Dieselverbrauchs unter Einhaltung der guten fachlichen landwirtschaftlichen Praxis ersetzen und dabei 9 Mio. Tonnen CO_2-Emissionen vermeiden (1 Liter Diesel emittiert bei der Verbrennung 2,7 kg CO_2). Anders ausgedrückt entspräche dies einem Fuhrpark von 1,65 Millionen Autos, die mit Pflanzenöl betrieben werden könnten, bei einem jährlichen Kraftstoffverbrauch von 2000 Liter und 25.000 km Jahresfahrleistung.

Der Ist-Zustand in der europäischen Landwirtschaft ist gekennzeichnet durch Überproduktion und einen staatlich verordneten Zwang, wertvolle Flächen aus der Produktion zu nehmen und stillzulegen (derzeit mindestens 5 – 10% der Ackerfläche eines Betriebes). Dieses ungenutzte Potenzial (siehe Beispiel Bayern in Abb. 8.4) kann durch geänderte politische Vorgaben und durch entsprechende Fördermaßnahmen sehr schnell aktiviert werden.

Die obige Abschätzung beschränkt sich einzig auf den Rapsanbau und lässt beispielsweise die Möglichkeit außer Acht, eine zweite Ölfrucht in die Fruchtfolge zu integrieren. Bei entsprechender Nachfrage nach Pflanzenöl würde der Anbau auch auf Standorten lohnen, auf denen er heute nicht wirtschaftlich ist. Die Frage, wie weit die Ackerfläche vermehrbar ist, bleibt ebenso unberücksichtigt wie die, welcher Flächenanteil für die Nahrungsmittelproduktion tatsächlich benötigt wird. Intensive züchterische Bearbeitung der Ölpflanzen hinsichtlich des Ölgehaltes könnte die Ölerträge deutlich steigern.

Nicht berücksichtigt ist auch die Ölmenge, die zusätzlich durch Mischfruchtanbau gewonnen werden könnte. Hier besteht ein beträchtliches Wissensdefizit. Es deutet jedoch einiges darauf hin, dass dieses Anbausystem pflanzenbaulich und wirtschaftlich zumindest bei einigen Kulturen sehr vorteilhaft ist und sowohl für die biologische als auch für die konventionelle Landwirtschaft bedeutende Zukunftschancen birgt.

Zieht man all diese Faktoren in Betracht, so ist anzunehmen, dass das Ölpotenzial noch deutlich zu steigern ist. Kurzfristig sind 10% des Dieselverbrauchs durch heimisch angebaute pflanzliche Öle ersetzbar, mittelfristig könnten unseres Erachtens durch die Integration einer weiteren Ölfrucht in die Fruchtfolge und den Mischfruchtanbau 20% ersetzt werden. Langfristig ließen sich durch züchterische und technische Verbesserungen in der Ölausbeute 40 bis 50% des jetzigen Dieselverbrauchs substituieren.

Obwohl die Autoindustrie an der Reduktion des Kraftstoffverbrauchs arbeitet, werden wir, um den gesamten zukünftigen Dieselbedarf abzu-decken, Pflanzenöle oder Ölsaaten importieren müssen. Da bieten sich für die neu hinzugekommen östlichen EU-Staaten, die eine noch sehr ausgeprägte Agrarstruktur haben, gute Absatzchancen.

Tatsächlich werden heute schon Ölsaaten und pflanzliche Öle auch für die Treibstoffnutzung importiert. Es gibt also bereits einen Markt für Pflanzenöltreibstoffe, der sich zukünftig auch stärker europäisch etablieren wird.

Pflanzenöle können also durchaus einen beträchtlichen Anteil am heimischen Kraftstoffbedarf ersetzen und einen wichtigen Beitrag zu einem zukünftigen regenerativen Energiemix (Pflanzenöle, Alkohole, Biogas ...) leisten.

8.3 Entwicklungen in der Europäischen Union

Ziel der EU-Staaten ist es, 20% der fossilen Kraftstoffe bis zum Jahr 2020 durch erneuerbare Energieträger zu ersetzen. Von Bedeutung sind hier neben dem Pflanzenöl besonders Alkohol (Ethanol) und Biogas. Im November 2001 wurde eine entsprechende EU-Richtlinie zur Förderung von Biokraftstoffen verabschiedet: Biogene Treibstoffe sollen bis 2005 einen Anteil von 2%, bis 2010 einen Anteil von 6% an den Otto- und Dieselkraftstoffen erreichen. Derzeit (2003) liegt der Anteil bei 0,5%.

Dieses Ziel soll auch dadurch erreicht werden, dass ab dem Jahr 2009 eine Beimischungspflicht für biogene Kraftstoffe zu allen verkauften Kraftstoffen eingeführt wird. In Frankreich und Deutschland mischen einige Mineralölgesellschaften ihrem Dieselkraftstoff heute schon bis zu 5% RME bei.

Außerdem sollen die biogenen Kraftstoffe gegenüber den fossilen auch in Zukunft steuerlich besser gestellt bleiben. Die Besteuerung soll maximal 50% des Steuersatzes für fossile Kraftstoffe betragen. Derzeit werden Pflanzenöl und RME in Deutschland noch gar nicht besteuert.

Um Überschüsse im Nahrungsmittelsektor innerhalb der EU zu vermeiden, werden jährlich landwirtschaftliche Nutzflächen stillgelegt. Auf diesen Flächen dürfen aber Energiepflanzen angebaut werden. Im Jahr 2002 betrug die Stilllegungsfläche in der EU insgesamt 5,6 Mio. ha. Auf dieser Fläche könnten also heute schon grundsätzlich zwischen 4 und 15 Millionen Tonnen Biokraftstoffe je nach Standort erzeugt werden, ohne die Nahrungsmittelproduktion zu gefährden (KOM 2001/547).

Hier gilt es allerdings zu berücksichtigen, dass das Potenzial zum Anbau von Energiepflanzen durch internationale Abkommen stark reglementiert und beschnitten wird. Beispielsweise wird die Produktion von europäischen Ölsaaten und Ölschrot im sogenannten „Blair-House-Abkommen" zwischen der EU und den USA stark eingeschränkt. In dem Abkommen wird die *Produktion zur Verwendung von Nebenprodukten zu anderen als Nahrungsmittelzwecken auf Stilllegungsflächen* auf 1 Million Tonnen Sojamehläquivalente begrenzt.

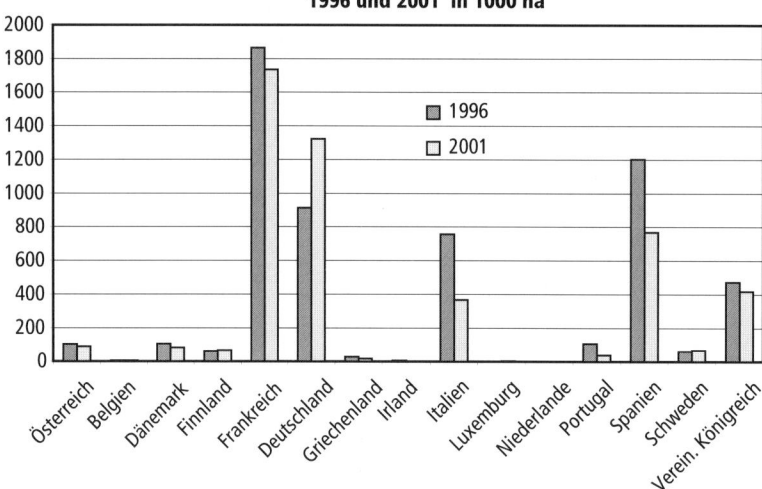

Ölsaatenanbaufläche der EU - 15 (UFOP)
1996 und 2001 in 1000 ha

■ 1996
□ 2001

8.5
Entwicklung der Anbaufläche von Ölsaaten in der EU von 1996 bis 2001 (UFOP)

Gleichzeitig müssen aber jährlich 30 Millionen Tonnen Ölsaaten, entsprechend einer Anbaufläche von 6 – 10 Millionen ha, als Tierfutter importiert werden, um den Bedarf der heimischen Landwirtschaft zu decken.

Da sie den notwendigen Ausbau erneuerbarer Energien verhindern, erscheinen solche Abkommen heute mehr denn je als nicht mehr zeitgemäß. Hier sollte die EU in der Welthandelsorganisation (WTO) und in anderen internationalen Gremien umgehend auf Änderungen drängen.

Betrachtet man die Entwicklung der Ölsaatenanbaufläche innerhalb der EU-Staaten im Verlauf der Jahre 1996 bis 2001, so hat sich diese kaum verändert. Obwohl wir in Deutschland auf 3 Mio. Hektar Ölpflanzen anbauen könnten, werden nur 1,3 Mio. ha entsprechend bewirtschaftet. Eine Übertragung auf EU-Verhältnisse führt zu dem Schluss, dass der Ölpflanzenanbau um ein Vielfaches ausgedehnt werden könnte, wir schätzen um 50% des heutigen Niveaus.

Auch die Produktionsmöglichkeiten von Biokraftstoffen innerhalb der EU sind noch kaum erschlossen. Von den alten Mitgliedsstaaten (EU-15) erzeugen nur 7 Biokraftstoffe. Die Produktionskapazitäten werden aktuell durch die Beimischungsverordnung deutlich gesteigert. Allein in Deutschland hat sich die Kapazität verdoppelt (Abb. 8.6).

Wie viel landwirtschaftliche Nutzfläche zukünftig zur Energieproduktion zur Verfügung stehen wird, lässt sich heute schwer abschätzen. Wissenschaftler meinen, dass bis zu 25% der landwirtschaftlich genutzten Fläche mittelfristig nicht mehr zur Nahrungsmittelproduktion benötigt wird. Für die 15 Staaten der „alten"

Entwicklung der Biodieselproduktionskapazitäten
in der EU

in 1000 t/a

■ 1999
□ 2004 geplant

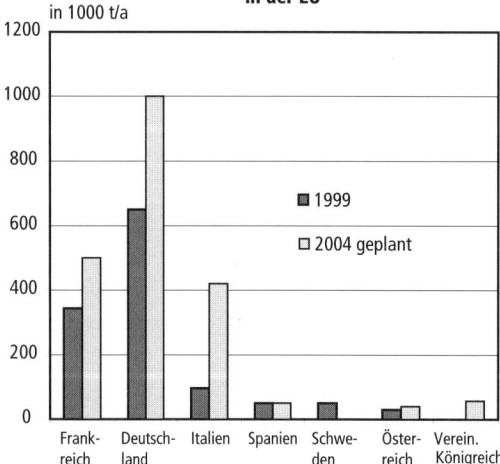

8.6
Produktion von Biokraftstoffen in der EU-15 (2004)

EU (EU-15) wären das immerhin 30 Mio. Hektar und durch die neuen osteuropäischen Staaten kämen noch viele Millionen Hektar hinzu.

Damit kann unseres Erachtens auch EU-weit von einem nennenswerten Potenzial für die Treibstoffproduktion ausgegangen werden.

8.4 Das Potenzial weltweit

Überall auf der Welt gibt es Ölpflanzen, sie gedeihen in nahezu allen Klimazonen. Selbst in der trockenen Sahelzone wachsen Ölpflanzen wie die Purgiernuss. Weltweit gibt es rund 2000 Arten, allein für Europa werden 57 verschiedene Ölpflanzen benannt.

Von den 2000 Ölpflanzen weltweit werden allerdings nur 10 Arten tatsächlich in nennenswertem Maßstab genutzt: Raps, Sonnenblume, Sojabohne, Ölpalme, Kokosnuss, Erdnuss, Sesam, Olive, Baumwolle, Leinsamen. Und von diesen 10 Arten haben eigentlich nur vier (Raps, Ölpalme, Sojabohne und Sonnenblume) in den letzten 50 Jahren eine größere wirtschaftliche Bedeutung erlangt (siehe Abb. 8.7)

Die Erträge von tropischen Ölpflanzen sind um ein Vielfaches höher als die der in Europa heimischen. So liefern Ölpalmen je Hektar bis zu 10.000 Liter Öl pro Jahr, im Vergleich dazu unsere Rapspflanze nur 1000 – 1400 Liter pro Hektar und Jahr. Gelänge es, diese gewaltigen Potenziale auch nur teilweise für die Kraftstoffnutzung zu erschließen, könnte der Anteil der Pflanzenöle als nachwachsende Energiequelle am Gesamtenergiemix erheblich erhöht werden und unseres Erachtens einen wesentlichen Beitrag zur Deckung des Weltenergiebedarfs leisten. Denn im Gegensatz zum regional sehr unterschiedlich vorgefundenen Erdöl ist nahezu jedes Land der Erde in der Lage, Pflanzenöle selbst zu erzeugen.

Für die Landwirtschaft ergibt sich die Chance, neben der Nahrungsmittelproduktion auch in der Energieproduktion tätig zu werden: „Der Landwirt ist auch Energiewirt" – für einige wenige Bauern in Deutschland gilt das heute schon. Daraus ergeben sich auch positive Effekte für den heimischen Arbeitsmarkt. Die EU rechnet durch die landwirtschaftliche Produktion von biogenen Kraftstoffen mit einem Be-

Ertrag- und Flächenentwicklung der Ölsaaten weltweit 1950-90

8.7
Weltweite Entwicklung der Erträge und Anbauflächen von Ölsaaten 1950 bis 1990 (FAO)

schäftigungseffekt von 16 Beschäftigten pro 1000 t Rohöläquivalent und Jahr. Schon heute wird bei der dezentralen Ölgewinnung Ankauf, Ölpressung, Verkauf und Auslieferung vielfach über Genossenschaften und Maschinenringe abgewickelt. Hier erhalten die in ländlichen Gebieten lebenden Menschen und Landwirte neue Beschäftigungschancen mit heimischen Löhnen. Den Bauern in Entwicklungsländern, deren Wirtschaftsleistung häufig fast ausschließlich aus der Landwirtschaft kommt, bieten sich hier neue Chancen, für ihre Familien ausreichende Einkommen zu erwirtschaften. Entstünde ein Weltmarkt für biogene Treibstoffe, wäre dies vielleicht auch eine Möglichkeit in diesen Ländern der Landflucht und der zunehmenden Verelendung entgegen zu wirken

Kraftstoff, von der heimischen Landwirtschaft erzeugt, macht in jedem Fall ein Stück unabhängiger von der weltpolitischen Lage, den Ölscheichs und den übermächtigen Ölmultis. Dies gilt sowohl für die armen als auch für die reichen Länder und könnte dazu beitragen, die Welt friedlicher und gerechter zu machen.

Die Afrikanische Ölpalme

Ölertrag	10.000 Liter je Hektar und Jahr
	1 Mio. Liter je km² und Jahr
Welterdölbedarf (1996/Shell)	3.600 Mrd. Liter
Notwendige Anbaufläche für Ölpalme	3,6 Mio. km²
Landfläche Afrika	30 Mio. km²
Landfläche aller Kontinente	136 Mio. km²
Flächenbedarf in Afrika	12%
Flächenbedarf weltweit	2,6%

(Bundesverband Pflanzenöle eV., Prof. Schrimpff)

8.5 Das Potenzial der Züchtung

Die Ölpflanzenzüchtung steht noch ganz am Anfang. Bedenkt man, dass von den weltweit 2000 Arten bzw. den europaweit 57 Arten nur 10 Ölpflanzen in den letzten 50 Jahren züchterisch und landwirtschaftlich im nennenswerten Umfang bearbeitet und genutzt wurden, so lässt das grundsätzlich ein hohes züchterisches Potenzial erwarten. Schließlich konnten durch Züchtung und die Fortschritte in der Pflanzenernährung und im Pflanzenschutz die Erträge um 100 bis 300% gesteigert werden (Abb. 8.7). Ganz ähnlich verhielt es sich auch bei vielen landwirtschaftlichen Kulturpflanzen. Beispielsweise konnten die Weizenerträge im gleichen Zeitraum von 15 dt/ha auf 100 dt/ha gesteigert werden.

In Anbetracht der großen Anzahl an halbkultivierten und wildwachsenden Ölpflanzen steht eine Fülle von Arten zur Verfügung, deren Erforschung dazu beitragen kann, die Artenvielfalt in der Landwirtschaft zu erhöhen und diese für eine erneuerbare Energieproduktion nutzbar zu machen.

Mit Hilfe der Gentechnik würde es zwar relativ schnell möglich sein, Sorten mit sehr hohen Ölgehalten zu entwickeln und die Ölerträge erheblich zu steigern. Das Aussetzen von gentechnisch veränderten Organismen in die Natur ist jedoch mit Risiken verbunden, die wir alle noch nicht abschätzen können. Denn bei der Gentechnik werden die Grenzen zwischen Tier, Pflanze und Mensch aufgehoben und deren Gene untereinander eingesetzt. Uns erscheint diese Vermischung von pflanzlichen, tierischen und menschlichen Genen aus naturwissenschaftlicher und ethischer Sicht nicht richtig. Die Folgen einer solchen Vermischung sind durch kurzfristige Studien wissenschaftlich nicht einschätzbar. Zudem sind gentechnisch veränderte Pflanzen meist patentiert und gehören international agierenden Großkonzernen. Das birgt die Gefahr einer Abhängigkeit der Landwirtschaft von solchen Firmen. Den finanzschwachen Bauern der Entwicklungsländer ist der Zugang zu solch teurem Saatgut ohnehin versperrt und damit auch der Zugang zum Weltmarkt. Die Gentechnik in der Landwirtschaft birgt erhebliche ökologische und wirtschaftliche Risiken. Die Landwirtschaft wäre gut beraten, auf sie gänzlich zu verzichten.

8.6 Das Potenzial der Technik und Verbreitung

Die Möglichkeiten und Grenzen heutiger Motorentechnik beim Einsatz von Pflanzenöl-Kraftstoffen wurden bereits in Kapitel 2 ausgeführt. Die Forschung und serielle Entwicklung pflanzenöltauglicher Motoren fand bis heute nicht oder kaum statt. Führt man sich vor Augen, dass in heutigen Diesel- und Benzinmotoren mehr als 100 Jahre intensive Forschungs- und Entwicklungsarbeit stecken, so lässt eine neuerliche Optimierung der Motorentechnik für Pflanzenkraftstoffe erhebliche Fortschritte erwarten. Ein erstrebenswertes Ziel sollte die Serienproduktion eines speziellen Pflanzenölmotors bei einem großen Automobilhersteller sein, unter Nutzung der dort verfügbaren technischen Möglichkeiten und des vorhandenen Knowhows. Das würde nicht nur die Kosten pflanzenölgeeigneter Motoren (im Vergleich zu den Umbaulösungen) drastisch senken, sondern auch deren Effizienz noch weiter erhöhen und damit weitere positive Umweltwirkungen zur Folge haben.

Der Beimischungszwang biogener Treibstoffe zu Benzin und Diesel wird zu einer Intensivierung der Forschung und der technischen Entwicklung beitragen.

Insgesamt betrachtet bietet die Verwendung von Pflanzenöl als Kraftstoff eine großartige Möglichkeit, um die überall auf der Welt heimischen Ölpflanzen zu nutzen und um unabhängiger von den fossilen Rohstoffen zu werden. Allein schon die ökologischen Vorteile sollten Anreiz genug sein, neue Wege zu beschreiten und die noch brachliegenden Potenziale zu erschließen!

8.8: Rapsfeld

Literatur- und Quellenverzeichnis

[1] Die Landwirtschaft: Lehrbuch der Landwirtschaftsschulen. Bd.3. Landtechnik, Bauwesen: Verfahrenstechnik. Erw. Auflage 1998, BLV-Verlag, München

[2] Thuneke, K.: Emissionen Rapsölbetriebener Dieselmotoren. Landtechnik 3/99. 1999.

[3] Union zur Fördeurng von Oel- und Proteinpflanzen e.V. www.ufop.de

[4] Schrimpff, E.: Treibstoff der Zukunft: Wasserstoff oder Pflanzenöl? Dezentrale Pflanzenölnutzung. 5. Tagung, Staatliche Lehr- und Versuchsanstalt Aulendorf 2001

[5] Aktionsplan Bio-Treibstoffe der EU. KOM (2001) 547.www.solarthemen.de/Dokumente

[6] Vielhuber F.: Rapsöl und bäuerliche Strategie. In: Erneuerbare Energien in der Landwirtschaft; Tagung vom 5. 8.12.2001 in Aulendorf

[7] Widmann, B.: Dezentrale Ölsaatenverarbeitung. KTBL -Arbeitspapier 267, 1999

[8] Verwendung von Rapsöl zu Motorentreibstoff und als Heizölersatz in technischer und umweltbezogener Hinsicht. Bayer. Landesanstalt für Landtechnik, Freising Weihenstephan. Gelbes Heft Nr. 40, 1992

[9] Bugge J.: Rape seed oil for transport 3: Organic Rape cultivation. Dänish Center for Plant Oil Technology. 2001, Folkecenter for Renewable Energy, DK- Huurp Thy.

[10] Morrision, R.; Boyd, R.: Lehrbuch der Organischen Chemie. Verlagsgesellschaft mbH Weinheim, 1986

[11] Begleitforschung zur Standardisierung von Rapsöl als Kraftstoff für pflanzenöltaugliche Dieselmotoren und BHKW. Landtechnische Berichte aus Praxis und Forschung; Gelbes Heft 69, Bayerisches Staatsministerium für Ernährung , Landwirtschaft und Forsten, München 2000

[12] Zehner, M.: Die Notwendigkeit der Umstellung auf regenerative Kraftstoffe am Beispiel RME und dem Elsbett-Motor. Diplomarbeit Fachhochschule Weihenstephan, Fachbereich Landwirtschaft, 1992

[13] Maurer, K.: Erprobung des Einsatzes naturbelassenem Pflanzenöl aus regionaler Produktion als Motorkraftstoff. Universität Hohenheim, Stuttgart, 1999

[14] Bullinger F.: Biomasse - Nachwachsende Energie aus der Landwirtschaft. Aus Tagungsband Dezentrale Pflanzenölnutzung. 5. Tagung, Staatliche Lehr- und Versuchsanstalt Aulendorf, 2001

[15] Aktionsplan Bio-Treibstoff für EU. Solarthemen 124, November 2001

[16] Biodiesel senkt Krebsgefahr. Tiroler Tageszeitung (kurz berichtet) 2001

[17] Soyk O.: Eignung von aufbereiteten Altfetten zum Betrieb eines Dieselmotors. Diplomarbeit. Universität Bundeswehr München, 1999

[18] Bugge J.: Rape seed oil for transport 1: Energy Balance and CO_2 Balance. Dänish Center for Plant Oil Technology. Folkecenter for Renewable Energy, DK- Hurup Thy., 2001

[19] Schuster W.: Ölpflanzen in Europa. DLG Verlag, 1992

[20] Roth, L.; Kormann, K.: Ölpflanzen, Pflanzenöle. Ecomed Verlag, Landsberg, 2000

[21] Leitfaden 170. Pflanzenölbetriebene Blockheizkraftwerke. Bayerisches Staatsministerium für Landesentwicklung und Umweltfragen

[22] Kommission der Europäischen Gemeinschaften. Richtlinie zur Förderung und Verwendung von Biokraftstoffen. November 2001

[23] Use of Jatropha. www.jatropha.de

[24] Wichmann V.: Umrüstkonzepte Motorparameter im Rapsölbetrieb. Statusseminar FAL Braunschweig 21. Juni 2004

[25] Wörgetter, M. et al.: Ökobilanz Biodiesel. BLT Wieselburg, 1999, Österreich.

[26] Campbell, C.: Oil and gas liquids 2004 scenario. Uppsala hydrocarbon depletion study, 2004. www.peakoil.net

[27] Watts, P.: Energy needs, choices and possibilities. Scenarios to 2050: Global business environment. Shell international 2001

Bildnachweis

Alle Bilder sind, sofern im folgenden nicht anders angegeben, Darstellungen der Verfasser.

1.00: VWP
1.8, 2.1, 2.2, 6.3, 7.10 : UFOP, Union zur Förderung von Protein- und Oelpflanzen e.V.
2.3: Marcus Reichenberg, Weilheim
2.4: Autobus Bühler
2.27: Britt Grünke. Mit dieser auf den Naturtreibstoff Pflanzenöl umgerüsteten Segelyacht des Typs Sportina 760, unternahmen die Autoren Britt Grünke und Detlef Stöcker eine außergewöhnliche Reise, auf Wasserstraßen quer durch Deutschland. Das Buch zur Reise erscheint unter dem Titel „Führerscheinfrei durch Deutschland" beim Delius Klasing Verlag, Bielefeld; ISBN: 3-7688-1548-X. Internet: www.wasserwanderungen.de.
3.1, 3.2, 3.6, 3.7,3.8, 3.14: Konrad Weigel Energietechnik
3.3, 3.4: Fa: Sokratherm. www.sokratherm.de
3.13, 3.12, 3.11: Carmen e.V., Straubing
5.1: Ekkehard Brühschwein; Hahnbach
6.12 bis 6.14: Arbeitskreis Mischfruchtanbau, Margret Stephan, Langenbach

Adressen

Pflanzenöltankstellen

Die Liste der hier aufgezählten Tankstellen erhebt keinen Anspruch auf Vollständigkeit. Im Internet können sie unter folgenden Adressen aktuell nach Tankstellen suchen:

www.rerorust.de   www.biotanke.de

Auch verschiedene Institutionen und Vereine geben Adressen zum Thema heraus: www.carmen-ev.de, www.bv-pflanzenoel.de, www.fnr.de und www. tfz-bayern.de.
In der Regel geben auch die Umrüstfirmen und Anbieter der Technik aktuelle Listen über den Bezug von Pflanzenöl heraus und wissen, wo es in der Region Tankstellen gibt. Auch die regionalen Vertreter des Bundesverbandes Pflanzenöle können Auskunft über Technik, Tankstellen und Bezugsquellen von Pflanzenölen geben:

Bundesverband Pflanzenöle;
Evangelisch-Kirch-Str. 8; 66111 Saarbrücken;
Tel.: 0681 3907808; Fax: 0681-3907638;
pflanzenoel@web.de; www.bv-pflanzenoele.de

Bundeskontaktstelle Pflanzenöl – Grüne Liga e.V.
Dipl.-Ing- Michel Matke, Hohe Str. 35
04107 Leipzig, Tel.: 0341-9615174; auto@ineol.de

Bundesverband Dezentraler Ölmühlen e.V.
c/o Günter Hell, Werschweiler Str. 40
66606 St. Wendel; Tel.: 0681-84120335;
info@oelpflanzen.de

Bundschuh-Biogas-Gruppe (BBG) e.V.
Dieter Spielberg, Zirler Weg 55
71522 Backnang; Tel.: 07191-970756;
dieter.spielberg@t-online.de

Tankstellenverzeichnis und Lieferungen für Biodiesel

Für Biodiesel gibt es mittlerweile ein Tankstellennetz von über 1600 Tankstellen. Auf der hompage der Union zur Förderung von Öl- und Eiweißpflanzen finden Sie die gesamte Liste der Tankstellen auch nach Bundesländern für Deutschland und Österreich gegliedert: www.ufop.de

Pflanzenöl -Tankstellen in Deutschland   Stand Februar 2004

01067	Dresden	Dach & Grün Thomas Richter	Schützengasse 18	0351-4943312	24h, Bezahlung per Kundenkarte
01683	Nossen	Liebe Heizungsbau	Fabrikstraße 4	035242-68684	
02899	Ostritz	TWO GmbH	Heinrich-Kretschmer-Str. 14	035823-87785	
03205	Calau	WINOX	Otto-Nuschke Str. 44	03541-2842;801448	Rapsölraffinat; 600l-1000l
04179	Leipzig	Fa. INOEL	Spinnereistraße 7	0341 - 96 151 74	nach telefonischer Vereinbarung
04808	Wurzen-	Fa. Potz-Blitz	Am Gabelsberg 2, Gwerbegebiet Lüptitz	03425-926128	Mo-Fr 7-19 Uhr
06217	Merseburg	PNVG Merseburg-Querfurt mbh	Abbé-Straße 72	03461-210174	Mo-Fr 3.45-20 Uhr
06268	Querfurt	PNVG Merseburg-Querfurt mbh	Merseburger Straße 91	034771-22002	Mo-Fr 6-16 Uhr
08132	Mülsen	Fritzsche-Isolierungen	St. Michelner Nebenstr. 17	037601-58440	Mo-Fr, 6-21Uhr, Sa 9-16 Uhr, vorher anrufen
09126	Chemnitz	Car-Wash-Palace-Fa. Pilz	Bernsdorfer Straße 8	0371-523570	
09735	Burkhardtsdorf	Kfz Meisterbetrieb Sindler	Zwönitztalstraße 30	037209-2425	Mo-Fr, 8-18Uhr, Sa 9-12 Uhr, vorher anrufen
09629	Neukirchen	Wyko Bau GmbH	Hauptstrasse 15	037324-87275; 0172-6645696	
10999	Berlin - Kreuzberg	Becker & Adam GbR	Reichenberger Str. 107	030-61073786 0177-2831398	Telef. Anmeldung
12099	Berlin - Tempelhof	Taxibetrieb Manfred Delz	Borussiastr. 27	030-85771250	Telef. Anmeldung
12524	Berlin	Fa. Natufa	Apfelweg 2	030-6731365	Mo-Fr, 17-21Uhr, vorher anrufen
14827	Wiesenburg	Tankstelle Liero	Roteichenweg 1	033849-50845	
15234	Frankfurt-Oder	Fa. Kriegel	Dörmerstr. 1	0177-7476654	Mo-Fr, 8-18Uhr, Sa 8-12 Uhr
15806	Zossen	Naturpower Pflanzenöltechnik	Weinberge 26	03377-302307	Telefonische Anmeldung
15832	Mahlow bei Berlin	Exner-Handels-GmbH	Stefan-Zweig-Str.57	03379-35014	Mo-Fr. 7.30-16.30Uhr
16833	Karwesee	Firma HeiPro	Rotdornstraße	033922-90209 0173-1519907	Sojaöl, Rapsöl
17192	Lansen	Landwirtschaft Peters & Partner Groß Gievitz	Dorfstraße 10	039934- 8780	Telef. Anmeldung
17309	Viereck	Autobedarf-Viereck	An der Chaussee	039748-50235	
17438	Wolgast	WoMaG GmbH	Hasenwinkel 3	03836-23660	Mo-Fr 7-18 Uhr, Sa 9-12 Uhr
18069	Rostock	Stukkateurbetrieb Carlsson	Goerdelerstraße 28	0381-8099561 0172 3837555	Telef. Anmeldung
18519	Kirchdorf	Wilfried Schleinitz	Jeeser 5	038351-81056	Telef. Anmeldung
19243	Wittenburg	Alternative Kraftstoffe	Südring 6	038852-90313	
19412	Brüel	Dienstleistungs-u. Handelsgesellschaft mbH	Bahnhofstraße 15	038483-20325	
21379	Echem	Elbmarsch-Ölmühle GmbH	Gingweg 4	04139-6969230	
21423	Winsen	Autoreparatur Hanke	Hoopter Sportplatz 7	04171-3600	
22453	Hamburg-Niendorf	NEED GmbH	Niendorfer Weg 11 (Zufahrt ü. Papenreye 26)	0431-5606490	24h, Bezahlung per EC-Karte und Flottenkarte

22964	Mollhagen	Heitec	Lasbeker Weg 16	0162-8625662	Mo-So, 7-23 Uhr – vorher anrufen
24147	Kiel	NEED GmbH	Preetzer Chaussee 21	0431-5606490	24h-Tanken per Chipschlüssel
25336	Elmshorn	Alpha Cargo	Schloßstr.- Ecke Osterfeld	04121-94 882 0172-8827334	vorher anrufen
25524	Itzehoe	Pflanzenöltechnik Nord GmbH	Papenkamp 1	04821-406242	Mo-Fr, 8-18 Uhr
25899	Klixbüll	ETA Energietechnik GmbH	Hauptstraße 66	04662-77414	Mindestabnahme 200 l, Urlauber auch weniger
27232	Sulingen	EnergieVersorgung Sulingen	Nienburger Str. 23a	04271-952763	
27612	Büttel	Lappöhn Pflanzenkraftstoff GmbH	Weserstr. 43a	04740-930090	Mo - Do. 6.00 - 16.15 Uhr
29451	Dannenberg	Deinert Fahrzeugbautechnik	Schaafhausen 18	05861-7000	
30855	Hannover-Langenhagen	Wolkenhauer-Baumgarte GbR	Kananoher Str. 1a	0511-773753	
31061	Alfeld	v.Koss GmbH & Co. KG	Alte Heerstrasse 20	05181-93333	Mo-Fr, 7-17 Uhr
31595	Steyerberg	Fa. ÖkoLoggia	Akazienhain 2	05764-93050	
31604	Raddestorf	Ölsaatenverarbeitung F.Engelking	Glissen 8	05765-301	
33106	Paderborn	AETRA GmbH	Hohe Kamp 5	05251-180800	Mo -Fr nach Vereinbarung
33178	Borchen	Motorrad Berlage	Rudolf Diesel Str. 20 ; gegenüber WAP	05251-381344	Mo-Fr, 9-16 Uhr oder nach Vereinbarung
33607	Bielefeld	GAB	Meisenstr. 65	0521-2996-120	Mo-Fr, 10-15 Uhr
35039	Marburg	Stadtwerke Marburg GmbH	Am Krekel 55	0173-412 39 34, 06421-205359	24h, Bezahlung per Kundenkarte
35066	Frankenberg-Eder (Haubern)	Martin Schmidtmann	Wannweg 8	06455-759668	Telefonische Anmeldung
35789	Weilmünster-Dietenhausen	Ka-Jo Schäfer	Iserbachstrasse 51a	06472-830772	Telefonische Anmeldung
36043	Fulda	Fa. Steckenreuther	Ortesweg 7	0177-2948322	Telefonische Anmeldung
36088	Hünfeld	Kalb Pflanzenöle	Im Stauster 14	06652-3987	24h, Bezahlung per Kundenkarte
36199	Rotenburg - Lispenhausen	Autohaus Bergmann	Nürnbergerstr. 49	06623-92280	Mo-Fr, 8-17 Uhr Sa 9.00-12.30Uhr
36272	Niederaula	Fa. Steckenreuther	Hersfelder Str. 34	0177-2948322	Telefonische Anmeldung
36277	Schenklengsfeld	UWT Umwelttechnologie GmbH	Dreienbergstraße 17	06629-9150176	Mo-Fr, 8-18 Uhr
36287	Breitenbach-Oberjossa	Fa. Steckenreuther	Zimmerplatz 6	06675-919272	Telefonische Anmeldung
36341	Lauterbach-Riemlos	Rapsöl-Presse Weißgerber Landwirtschaft	Dorfstraße 5	06641-5395	Mo-Sa, 8-20 Uhr, oder nach telef. Anmeldung
37671	Höxter-Fürstenau	Ölhandel Ferdinand Welling	Am langen Acker 3	05277-524	Mo-Fr, 8-18 Uhr, oder nach telef. Anmeldung
39264	Bias	Klümper & CoKG	Rot-grüne Hallen hinter der Massey-Vertretung	0171-9911052	Telef. Anmeldung
41564	Kaarst	KFZ-Betrieb-Holzapfel	Alt Vorst 20	02131-666350	
44147	Dortmund	pölhöhle dortmund	Sudkamp 10, Tor 11 durch Bauzaun hindurch b.Tor 1	0179-9015061	Telef. Anmeldung

Pflanzenöl -Tankstellen in Deutschland   Stand Februar 2004

45665	Recklinghausen	W. Göttken jun. Pflanzenöle	Henrichenburger Str. 251	02361-81694	
45772	Marl	Karsten Bagemihl	Bachackerweg 23	0173-3702165	
47839	Krefeld	Fa. Joh. Nauen GmbH	Den Ham 7	02151-736111	Telefonische Anmeldung
48341	Altenberge	Paul Wältring GmbH	Oststraße	02505-93290, 0160-90140192	Mo-Fr, 8-17 Uhr, Sa+So auf Anfrage
48565	Steinfurt	Wilmsberger Ölmühle	Wilmsberg 55	02552-98693	Telefonische Anmeldung
48653	Coesfeld	Klümper & CoKG	Sükerhook 10	02541-81663	Mo-So, 8-20 Uhr
50829	Köln	Max-Plank-Institut	Carl-von-Linne Weg 1, Gut Vogelsang	0221-5002247	Telef. Anmeldung
52070	Aachen	Fa. UNICAR	Liebigstraße 24	0241-9609860	
54344	Kenn	Franz Josef Koch	Reihstr. 16-18	06507-3852	
56112	Lahnstein	Fa. Krahwinkel	Ahlerhof 18	02621-40550	
56727	Mayen	Karl Düngenheim Rapsölmühle	Kuhdrift 3	02651-77866 0170-8514943	Telefonische Anmeldung
58093	Hagen	Tankgemeinschaft Berchum-Iserlohn	Ergster Weg 63	02334-59774	Mo-Sa. 9-19 Uhr oder nach telef. Absprache
59590	Geseke	Fa. Tillmann	Hölter Weg 46	02942-78061	täglich 7-20 Uhr, feiertags n. telef.Absprache
59609	Anröchte-Altenmellrich	BNT	Ostheide 4	0178-8469442	täglich bis 7- 20Uhr
65474	Bischofsheim	BioEnergie Rhein-Main e. K.	Am Schindberg 27	06142-834910	Mo-Fr 8-16, Sa 9-12 Uhr
66606	St.Wendel	E.Z.G. St.Wendeler Ölsaaten e.V.	Am Güterbahnhof (Gebäude RWZ)	06851-3082	
67574	Osthofen	Albrecht-Transporte	Neißestr.14	06242-4198	
72348	Rosenfeld	W. Lohrmann		07428-93940	Tanken möglich
74564	Crailsheim	Hornung	Amorbacher Weg 10	07951-467968 0171-8968561	Telef. Anmeldung
74864	Fahrenbach	Scout-Logic Euro-Fahrschule	Hauptstr.56	06267-928846	Mo-Fr, 10-18 Uhr
76596	Forbach-Hundsbach	Fa. Energie & Umwelt Wolfram Bach	Hundseckstr. 10	07220-232	Telef. Anmeldung
78166	Donaueschingen	Maschinenring Donaueschingen	Raiffeisenstrasse 28	0771-929990	Mo-Fr 8-17 Uhr
81541	München	G. Lohmann Prototypenbau	Welfenstr. 12	089-484837	Telef. Anmeldung
82069	Neufahrn - Schäftlarn	Konstruktionsbüro L&K	Stranberger Str.105	08178-998902, 0179-6613771	Telef. Anmeldung
82544	Ergertshausen	Konrad Seidl	Dorfstraße 4	08171-18848	
83104	Hohenthann	Biocraft GmbH	Bolkamerstr. 3	08065-1550	Mo-Fr 8-17 Uhr, Samstag nach Absprache
83112	Frasdorf Wildenwart	Ramsl Landhandel	Rain 5	08051-2768	Mo-Sa 7-18 Uhr, Sonn- u. Feiertags n. Abspr.
83224	Grassau	Fa. Christian Maier KFZ Meisterbetrieb	Grafingerstr. 49	08641-598511	Mo-Fr 8-18 Uhr, Sa 8-12 Uhr
83620	Feldkirchen-Westerham	Raiffeisen LHG Lagerhaus	Bahnhofstraße 13	08063-80570	Tankkarte, Mo-FR 7–18 Uhr, Sa 7-13 Uhr
84032	Altdorf	Bernhard Seiler, Alternative Energiesysteme	Kantstrasse 5	0871-55974	Telef. Anmeldung
84130	Dingolfing	Pflanzenöltankstelle an der Herzogsburg	Oberen Stadt 17	08731-1252	
84453	Mühldorf am Inn	Schmid Anton	Nordtangente 14	08631-2400	nach telef. Anmeldung

98

PLZ	Ort	Betrieb	Straße	Telefon	Öffnungszeiten
84556	Kastl	Salzeder Herbert Solartechnik	Alte Bahnhofstr. 30	08671-928806	Mo-So 7-22 Uhr, telefonische Anmeldung
84561	Mehring-Öd	Andreas Zöllner Solartechnik	Herzogstr. 30	08677-66253	Mo-Fr 8-22 Uhr, telefonische Anmeldung
86424	Dinkelscherben	A. Fischer Landmaschinen	Marktstraße 16	08292-1336	
86453	Dasing	Bauernmarkt Dasing GmbH	An den Brandleiten 6	08205-959910	täglich von 8 bis 20:00
86462	Langweid-Achsh.	Trocknungswerk Achsheim	Kellerberg 1	08230-7793	
86567	Tandern	Sedlmayer-Ölsaaten-verarbeitungs-GmbH	Weitenwinterried 2	08259-1074	
87488	Betzigau	Josef Kraus	Leiterberg 48	08304-5362	telefonische Anmeldung
87547	Missen	Reifen Siegel	Unterwilhams 9	08320-512	telefonische Anmeldung
87675	Rettenbach am Auerberg	Pflanzenölkraftstoff Ostallgäu GbR	Am Seestall		24h, Bezahlung per EC-Karte
88271	Wilhelmsdorf	Omnibusverkehr Bühler GmbH+Co.	Untere Luß Str. 25	07503-1221	
89134	Blaustein-Markbronn	Bio-Kraft-Gesellschaft mbH	Dietingerstrasse 5	07304-919059	
90513	Zirndorf	Rosa GmbH	Schwabacherstr. 30	0911-960250	
90518	Altdorf	Auto Bott	Neumarkterstr 51	09187-8996	Mo-Fr 8-12Uhr , 13-18 Uhr, Sa 9-13 Uhr
91171	Greding	Autohof Groh	Industriestraße 17	08463-64100	
91177	Thalmässing	ELSBETT-Technologie GmbH	Weissenburger Strasse 15		
91217	Hersbruck	Fa. Hirschmann	Bahngelände 11a	09151-81870	Mo-Fr 6:30 – 18:00, Sa 6:30-12:30
91224	Hartmannshof	KIA-Autohaus-Glaske-Tank&Car-Service	Hersbruckerstr. 37	09154-4803	
91247	Vorra	Pegnitztaler Pflanzenöle	Alfalter 20	09152 -8534	
91541	Rothenburg o.T.	Projektschmiede Rothenburg e.V.	Schlachthofstr. 37c	09861-935133	Mo-Fr 8:00 -16:00 Uhr; Do bis 18:00 Uhr
91710	Gunzenhausen	Trocknungsgenossenschaft Ghs e.G.	Walder Straße 5	09831-2625	Mo-Fr 7:00 -16:00 Uhr
92224	Amberg	Naturenergie Kummer	Alteglsee 7	09621-42639, n. tel. Vereinbarung	Mo-Sa, 6.30-9, 11.30 -13,17-19 Uhr
92224	Amberg	Lagerhaus Reich	Bayreuter Str. 53	09621-67570	
92242	Hirschau	Lagerhaus Reich	Kindlas 3	09622-70110	
92242	Hirschau	Volksschule Hirschau	Josefstraße 40	09622-2336	Schulzeit v 7.30-12Uhr
92253	Schnaittenbach	Biomasseheizwerk Buchwerk	Mertenberg 3	0170-9607640	Tankkarte
92444	Rötz	Naturölvertrieb Ruhland	Schmidtlerstraße 6	09976-1064	Mo-Fr 13-20 Uhr
92263	Pittersberg	Auto Sobiella	Leitenweg 3	09438-902063	telefonische Anmeldung
92278	Illschwang-bei Sulzbach-Rosenb.	Elektro Schwab	Haar 8	09661-4266	
92334	Berching	Maschinenring Sulz-Altmühl	Maria-Hilf-Str. 3	08462-941011	
92334	Berching	Freie Tankstelle Kienlein	Maria-Hilf-Str. 1	08462-874	
92342	Mörsdorf	Auto-Meixner	Am Weiher 13	09179-2733	
92723	Gleiritsch	Fa. Zanner	Hebenhof 1	0171-1222099	09655-312
93107	Wolkering	Richard Wild	Talstr. 24	09453-1806	
94149	Kößlarn	Osterholzer	Hoisberg 4	08536-863	
94333	Geiselhöring	Agrar-Produktion & Handel Franz Braun	Oberharthausen 4	09420-930	

Pflanzenöl -Tankstellen in Deutschland   Stand Februar 2004

94342	Straßkirchen-Schambach	Ölmühle Hans-Hermann Wagner	Amselfinger Sr.14	09422-3211	
94486	Osterhofen	AGROservice	Dreisesselstraße 1	09932-95020	Tankkarte
95473	Creußen	Raimund	Hörhof 3	09209-9163-0	Mo-Fr 8-19, Sa 8-12 Uhr
96250	Ebensfeld	Fa. Raab GmbH & CO KG	Frankenstraße 7	09573-3380	
96253	Untersiemau-Scherneck	Fa. Stegner	Bahnhofstrasse 16	09565-94990	Tankkarte
96328	Küps-Oberlangenstadt	Autohaus Miederer	an der B173	09264-1512	
96369	Thonberg bei Kronach	Autohaus Sünkel	Hauptstraße, Am Steinbühl 19	09261-94774	Mo-Fr 8-17 Uhr, Sa 9-13 Uhr
97340	Martinsheim-Gnötzheim	Rainer Gräf	Gut Gnötzheim 10	09339-241	
97535	Wasserlosen OT Greßthal	Hans Schmitt GmbH	Am Buchenweg 2	09726-9100-11	Mo-Fr 8-12, 13-17 Uhr, März-Sept. Sa 8-12 Uhr
97618	Unsleben	Wassermann, Mattheus	Schloßgut	0977-3303	
99310	Wülfershausen	Arnd Schreiber	Am Anger 45	036200-61058	tel. Anmeld.; ab 16 Uhr
99510	Apolda	TWT Trockenwerk Thüringen GmbH	Sulzaer Straße 96	03644-84390	Mo-Fr, 6-18 Uhr
99762	Niedersachswerfen b.Nordhausen	Ralf Jäger	Nordhäuser Str. 12e	0172-9666066	telef. Anmeldung, Mo-So

Bezugsquellen für Pflanzenöl   Stand Februar 2004

PLZ	Ort	Firma	Straße	Telefon	Bemerkungen
01683	Nossen	Liebe Heizung & Bad GmbH	Fabrikstraße 4	T.: 035242-68684 F.: 67277	
03172	Guben	Projektentwicklungsgesellschaft–Naturenergien GbR	Hugo Jentsch Straße 22	T.: 03561-684990 F.: 684993	Großmengen ab 25 Tonnen
03205	Calau	WINOX	Otto-Nuschke Str. 44	T.: 03541-2842; F.: 801448	Rapsölraffinat; 600l-1000l
04626	Schmölln	Osterländer Bioöl GmbH&Co	Thomas-Müntzer-Siedl. 11	T.: 034491-550-0	
04936	Proßmarke	Trockenwerk	Hilmerdorfer Str. 5	T.: 035364-257 F.: 4181	Abgabe in 600 l-Behältern
07570	Niederpöllnitz	NAWARO	Am Bahnhof 13	T.:036607-7173 F.: 7100	Mindestabnahme 6000 l
09627	Bobritzsch	Weise's Willy Erben Ölmühle	Bobritzschtalstr. 131	T.: 037325-6204 F.: 92812	10 l-Behälter
10625	Berlin	Fa. Walier GmbH	Schillerstraße 7a	T.: 030-21756715 F.: 21756716	Hamburg bis Berlin, ab 300l
15236	Jacobsdorf	Forland -Dienste	ExpoPark 15	T.: 033608-3176 F.: 3177	
15806	Zossen	Naturpower Pflanzenöltechnik	Weinberge 26	T.: 03377-302307 F.: 302308	Telef. Anmeldung
16833	Karwesee	Firma HeiPro	Rotdornstraße	T.: 033922-90209 T.: 0173-1519907 F.: 03377-90209	Soyaöl, 25 Liter Kanister; Selbstabholung
18069	Rostock	Stukkateurbetrieb Carlsson	Goerdelerstraße 28	T.: 0381-8099561 T.: 0172-3837555 F.: 8099560	Selbstabholung

21368	Dahlenburg	Naturoel Dahlenburg GmbH & Co.KG	Bleckeder Str. 16	05851-219	
21379	Echem	Elbmarsch-Ölmühle GmbH	Gingweg 4	04139-6969230	IBC-Verleih, auch Fremdpressung
22043	Hamburg	Handelsagentur Ch.Freund	Juethornstr.110	T.: 040-18999470 T.: 0177-4141365	25l Kanister, telefon. Voranmeldung
22761	Hamburg	Bressmer&Franke	Stresemannstr.	T.: 040-8905860	Mo-Fr 8-17 Uhr, Abgabe auch i. klein. Kanistern, müssen sauber sein
22823	Kuhlenbrook	bio-trans Rapsölhandel	Bosauer Straße 12	T.: 04555-714717	
22964	Mollhagen	Heitec	Lasbeker Weg 16	T.: 0162-8625662 F.: 04534-8720	
24118	Kiel	Need GmbH	Schauenburger Str. 116	T.: 0431-5606490 F.: 5606486	ab 1000 Liter
24243	Kiel	Raiffeisen Hauptgenossenschaft Nord AG	Werftstr. 218	T.: 0431-70230 F.: 38910	nur Großmengen.
24796	Bredenbek	FS Fettveredelung & -handel	Brandshagener Weg 8	04334-1332	Kleinmengen von 200 l bis 30.000 l
24837	Schleswig	KVG Cordes & Stoltenburg (GmbH & Co.)	St. Jürgener Str. 60	T.: 04621- 52033 F.: 52034	Abgabe per LKW, Container und Fässern
25524	Itzehoe	Pflanzenöltechnik Nord GmbH	Papenkamp 1	T.: 04821-406242 F.: 406245	Lieferung bis ca. 200 km per Tankwagen.
27612	Büttel	Lappöhn Pflanzenkraftstoff GmbH	Weserstr. 43a	T.: 04740-930090 F.: 930092	
28197	Bremen	Henry Lamotte GmbH Abteilung ÖTP	Merkurstr. 47	T.: 0421-5239-0 F.: 5239-375	Leihcontainer oder per Tankwagen ab 10.000 l
29378	Wittingen-Hafen	Wittinger BioDiesel eG	Graue Riethe 3	T.: 05831-251836 F.: 251883	ab 200 Liter
29451	Dannenberg	Deinert Fahrzeugbautechnik	Schaafhausen 18	T.: 05861-7000 F.: 7008	
31604	Raddestorf	Ölsaatenverarbeitung F.Engelking	Glissen 8	T.: 05765-301 F.: 7138	Liefer. in ganz Niedersachsen bzw. bis 200 km
33102	Paderborn	AETRA GmbH	Fürstenweg 1	T.: 05251-180800 F.:05251-1808011	ab 3000 Liter europaweit
34582	Borken	Raiffeisen Borken		T.: 05682-80040	Selbstabholung
36132	Eiterfeld-Grossentaft	Arge Naturölmühle GmbH	An der Alten Strasse	T.:06676- 919912 F.: 8355	tanken möglich
36277	Schenklengsfeld	UWT Umwelttechnologie GmbH	Dreienbergstraße 17	T.:06629-9150176 F.: 919225	
45665	Recklinghausen	G. Mühlenbrock Pflanzenöle	Henrichenburger Str. 222	T.: 0170-3070422 T.: 02361-88314 F.: 1067907	Lieferung in ganz NRW bzw. bis ca. 150km
45665	Recklinghausen	W. Göttken jun. Pflanzenöle	Henrichenburger Str. 251	T.: 02361-81694 F.: 88178	Lieferung in ganz NRW bzw. bis ca. 150km
46499	Hamminkeln-Dingden	Ölpflanzenverarbeitung Daniels	Borkener Str. 8	T.: 02852-2109 F.: 968946	Selbstabhol. ab 1000 l
48653	Coesfeld	Klümper & CoKG	Sükerhook 10	02541-81663	
52459	Inden-Schophoven	Regiokontor	Schlichstraße 13	T.:02465-3003919 F.: 3003919	
54344	Kenn	Franz Josef Koch	Reihstr. 16-18	T.: 06507-3852	Selbstabholung
55481	Kirchberg	Raiffeisen Kirchberg		T.: 06763-93250 F.: 932533	
56112	Lahnstein	Fa. Krahwinkel	Ahlerhof 18	02621-40550	Selbstabholung

56295	Kerben	ÖVP Polch	Rübererstr. 1	T.: 02654-2517 T.: 0170-5612240 F.: 02621-2517	
56727	Mayen	Karl Düngenheim Rapsölmühle	Kuhdrift 3	T.: 02651-77866 T.: 0170-8514943	
59590	Geseke	Fa. Tillmann	Hölter Weg 46	T.: 02942-78061 F.: 57140	Lieferung und Selbstabholung
59609	Anröchte- Altenmellrich	BNT	Ostheide 4	T.: 02925-2277 F.: 4849	
63843	Niedernberg	Chr. Fecher, Landwirtsch. Meisterbetrieb	Marienhof	T.: 06026-7190	
66606	St.Wendel	E.Z.G. St.Wendeler Ölsaaten e.v	Am Güterbahnhof (Gebäude RWZ)	T.: 06851-3082 F.: 1650	
68169	Mannheim	Fa. CEREOL(Unimills)		T.: 0621-37040	
71083	Herrenberg	Fa. Wilhelm Unsöld	Gülsteiner Mühle	T.: 07032-992425 F.: 992427	
71672	Marbach am Neckar	Geiger Carl GmbH&Co.KG	Daimlerstraße 8	T.: 07144-84670 F.: 846713	Selbstabholung, ab 1000 Liter.
72144	Dusslingen	Ölmühle Steinhilber	Austraße 32	T.: 07072-7009 F.: 60573	Selbstabholung
72168	Empfingen	Fa. Brändle GmbH	Ölmühle		
72348	Rosenfeld	W. Lohrmann		T.: 07428-93940	Tanken möglich
75446	Iptingen	Häußermann & La Verde			
77839	Lichtenau	Fa. Ölmühle Berhard Schell	Schwarzbacher Str. 13	T.: 07227-2343 F.: 4584	
78166	Donaueschingen	Maschinenring Donaueschingen	Raiffeisenstrasse 28	T.: 0771-929990	Lieferung per Tankwagen
82515	Wolfratshausen	Maschienenring Wolfratshausen	Königsdorfer Str. 29b	T.: 08171-42160 F.: 421616	Lieferung per Tankwagen
83104	Hohenthann	Hoiss-Recycling+Consulting	Bolkamerstr. 3	T.: 08065-1551 F.: 1552	Telef. Anmeldung; Be- stellung für München u. Oberbayern 1000 l-Pal.
83112	Frasdorf	Ramsl Landhandel	Wildenwart-Rain 5	T.: 08051-2768 F.: 63075	
83620	Feldkirchen- Westerham	Raiffeisen LHG Lagerhaus	Bahnhofstraße 13	T.: 08063-80570 F.: 805720	
84051	Essenbach	Fa. Forsthofer			
84103	Postau	AGRANA GmbH & Co. Pflanzenölhandels KG	Hauptstraße 2	T.: 08702-8935 F.: 918790	ab 200 l in Fässern
84183	Niederviehbach	Wagner & Sohn Öl- saatenverarbeitung KG	Walperstetten 12	T.: 08702-3109 F.: 1695	Selbstabholung, Lieferung ab 10000l
85232	Kreuzholzhausen	Mailler Michael Rapspressen u. Technikhandel	Ortstraße 8	T.: 08138-669110 F.: 669110	
85276	Pfaffenhofen	Reg. Energie GmbH & Co. KG	Sonnenstr. 4	T.: 08441-499920 F.: 499929	1000 l-Pfandcontainer, kaltgepresstes Rapsöl und Leindotteröl
86462	Langweid- Achsheim	Trocknungswerk Achsheim	Kellerberg 1	T.: 08230-7793 F.: 9153	
86567	Tandern	Sedlmayer-Ölsaaten- verarbeitungs-GmbH	Weitenwinterried 2	T.: 08259-1074 F.: 8282843	
86570	Sainbach	Robert Steinherr	Augsburger Str.2	T.: 08257-1370	
86707	Westendorf	Wiol GbR	Gewerbestraße 3	T.: 08273-996132 F.: 996178	

PLZ	Ort	Firma	Straße	Telefon/Fax	Bemerkung
89134	Blaustein-Markbronn	Bio-Kraft-Gesellschaft f. n. R. mbH	Dietingerstrasse 5	T.: 07304-919059 F.: 919055	650 l,1000 l
90489	Nürnberg	Fa. Graf		T.: 0911-586070	
91177	Thalmässing	RAGU Rapsverarbeitung Gussner	Waizenhofen 8	T.: 0172-8614864 F.: 09173-1352	Liefer. i. 50 km Umkr., Kanister-Selbstabhol.
91217	Hersbruck	Fa. Hirschmann	Bahngelände 11a	T.: 09151-81870 F.: 818730	Mo-FR 6:30 bis 18:00, Sa 6:30-12:30
91247	Vorra	Pegnitztaler Pflanzenöle	Alfalter 20	T.: 09152-8534 F.: 98271	Selbstabholung
91361	Pinzberg	Ölmühle Bernhard Werner	Elsenberg 10	T.: 09191-13145 F.: 15042	
91710	Gunzenhausen	Trocknungsgenossenschaft Ghs e.G.	Walder Straße 5	T.: 09831-2625 F.: 2939	
92242	Hirschau	Lagerhaus Reich	Kindlas 3	T.: 09622-70110 F.: 701170	
92334	Berching	Maschinenring Sulz-Altmühl GmbH	Bahnhofstraße 33	T.:08462-9410-12 F.: 9410-20	
92444	Rötz	Naturölvertrieb Ruhland	Schmidtlerstraße 6	T.: 09976-1064 F.: 2000010	
92665	Altenstadt	Ökologia HZ	Auf der Heide 2	T.:09602-6170033 F.: 6170039	
92723	Gleiritsch	Fa. Zanner	Hebenhof 1	T.: 0171-1222099 T.: 09655-312	
94333	Geiselhöring	Agrar-Produktion & Handel Franz Braun	Oberharthausen 4	T.: 09420-930 F.: 1432	Jede Größenordn. auch in 1000 l Container
94342	Straßkirchen-Schambach	Ölmühle Hans-Hermann Wagner	Amselfinger Sr.14	T.: 09422-3211 F.: 3211	Selbstabholung; Liefer. i.d. ges. Bayer. Wald
94486	Osterhofen	AGROservice GmbH	Dreisesselstr. 1	T.: 09932-950221 F.: 950290	LK Passau-Deggendorf - Dingolfing u. Straubing auch i. 1000-Liter-Tanks
95213	Münchberg	LVO Landwirtschaftl. Marketing u. Vertriebs – GmbH	Markersreuth 43	T.: 09251-992750 F.: 992760	Selbstabholung; telefon. Anmeldung
95475	Kemnath Stadt	ANIVEG NAT PRODUCTS			
96275	Marktzeuln-Zettlitz	Mara GmbH & Co KG-Pflanzenöle	Lichtenfelser Strasse 2	T.: 09574-633370 F.: 633374	
97210	Uffenheim	Fa. Schilling	Am Bahnhof 13	T.: 09842-98010 F.: 980140	
97258	Lipprichhausen	Urbatoil	Seestr. 5	T.: 09848-549 F.: 549	
97340	Martinsheim-Gnötzheim	Rainer Gräf	Gut Gnötzheim 10	T.: 09339-241 F.: 1480	Selbstabholung nach Vorbestellung
97440	Werneck-Ettleben	Ölfruchtmühle "Oberes Werntal"	Lerchenhof 1	T.: 09722-7370	
97618	Unsleben	Wassermann, Mattheus	Schloßgut	T.: 0977-3303	Selbstabholung
97933	Creglingen	BAG Creglingen	Klingener Sraße 3	T.: 07933-70415	
98084	Erfurt	Erfurter Ölmühle W. Fischer GmbH		T.: 0361-6422017 F.: 5624103	1000 l im Leihbehälter
98660	Themar	SÜGEMI GmbH	Tachbacher Str.	T.: 036873-2590 F.: 25913	
99762	Niedersachswerfen b.Nordhausen	Ralf Jäger	Nordhäuser Str. 12e	T.: 036331-31911 F.: 31913	ab 1000 l Lieferung mit Tankwagen

Wissenschaft und Forschung

Name	Ansprechpartner	Tel-Fax-Mail	
Universität Hohenheim, Landesanstalt für landwirtschaftliches Maschinen- und Bauwesen Garbenstraße 9, 70599 Stuttgart Hohenheim	Dipl.Ing. Karl Maurer Dr. Hans Öchsner	T.: 0711-459-2683 F.: 0711-459-2519 la740@uni-hohenheim.de www.uni-hohenheim.de	Technik, Umrüstungskonzepte
Thüringer Landesanstalt für Landwirtschaft, Referat Thüringer Zentrum Nachwachsende Rohstoffe; Apoldaer Straße 4, 07778 Dornburg	Dr. Armin Vetter, Dipl.ing.agr. Torsten Graf	T.: 036427-868121 F.: 036427-22340 TLL-Jena@t-online.de www.TLL-Jena-a-info.de	Pflanzenölgewinnung, Qualität
Universität GH Essen, FB Lebensmittel-Verfahrenstechnik, Universitätsstr. 15, 45141 Essen	Prof. Dr.-Ing. Felix-H. Schneider, Dipl.Ing. Michael Raß		Pflanzenölgewinnung
Universität Rostock, Fachbereich Maschinenbau und Schiffstechnik, Institut für Energie- und Umwelttechnik, Albert-Einstein-Straße 2, 18059 Rostock	Dr. Ulricke. Schümann, Volker Wichmann, Jan Golisch	T.: 0381 498 3235 F.: 0381 498 3237 ulrike.schuemann@mbs. uni-rostock.de	100 Schlepper-Programm, Pflanzenöltankstellen
Universität Rostock- Biestow	Prof. Dr. Norbert Makowski	T.: 0381 400 8394 F.: 0381 4001456	Mischfruchtanbau
Universität Kassel	Dipl. Ing. D. Voegelin	T.: 05608 3524 F.: 05608 958538	voegelin@wiz.uni-kassel.de
FH Amberg Weiden, Hochschule für Technik und Wirtschaft, Postfach 1462, 92204 Amberg	Prof. Dr. Ing. Markus Brautsch	T.: 09621-482-222, F.: 08463-606973 m.brautsch@fh-amberg-weiden.de	BHKW, rationelle Energietechnik betreibt selbst ein BHKW

Verbände

Bundesverband Pflanzenöle, Evangelisch-Kirch-Str. 8, 66111 Saarbrücken	Prof. Dr. E Schrimpff	T.: 0681 3907808, F.: 0681 3907638 pflanzenoel@web.de; www.bv-pflanzenoele.de
Arbeitskreis Mischfruchtanbau Erlen-Straße 29b 85416 Langenbach	Margret Stephan, Dietmar Brandt, Prof. Dr. Norbert Makowski, Prof. Dr. Ernst Schrimpff	T.: 08761 752135; F.: 08761 752134 www.mischfuchtanbau.de
Verband Deutscher Oelmühlen e.V. Am Weidendamm 1a; 10117 Berlin		T.: 030 - 72625 900; F.: 030 - 72625 999 info@oelmuehlen.de
Pflanzenölinitiative, Ubierstraße 78 53173 Bonn	Förderverband www.pflanzenoel-initiative.de	T.: 0228-9857999; F.: 0228-96940458 info@pflanzenoel-initiative.de
UFOP, Union z. Förderung v. Oel- u. Proteinpflanzen e.V.; Reinhardtstr. 18; 10117 Berlin	Dieter Bockey	T.: 030-31904 215; F.: 030-31904 485 www.ufop.de
Arbeitsgruppe Qualitätsmanagement Biodiesel e.V.; Reinhardtstr. 18, 10117 Berlin		T.: 030-31904-433; F.: 030-31904-435 www.agqm-biodiesel.de
Bundesverband Erneuerbare Energien BEE, Teichweg 6, 33100 Paderborn		T.: 05252 50445; F.: 05252 52945 lackmann-paderborn@t-online.de
Verband Deutscher Biodieselhersteller Am Weidendamm 1a; 10117 Berlin	Petra Sprick	T.: 030-726259-12; F.: 030-726259-19 sprick@biodieselverband.de www.Biodieselverband.de
Österreichische Biomasseverband Franz Josefskai 13; A-1010 Wien	Institut für Biotreibstoffe: 0043-2243-440	T.: 0043-1-533079714; F.: 0043-1-533-079790 office@biomasseverband.at
Bundesverband Biogener Kraftstoffe BBK, Geschäftsstelle Hannover, Amswaldtr. 18, 30159 Hannover		T.: +49-511-2352003; F.: +49-511-2352005 info@biokraftstoffe.org

Institutionen

Technologie- und Förderzentrum im Kompetenzzentrum für nachwachsende Rohstoffe, Schulgasse 18; 94315 Straubing www.tfz.bayern.de	Dr. Bernhard A. Widmann, Dr. Edgar Remmele, Edgar.Remmele@tfz.bayern.de Dipl. Ing. agr. Klaus Thuneke Klaus.thuneke@tfz.bayern.de	T.: 09421-300-114 (210) Außenstelle Freising T.: 08161-71-4130 F.: 08161-71-4048 ag-pflanzenoele@tfz.bayern.de	Technologie-verbreitung
C.A.R.M.E.N e.V. Centrales Agrar-Rohstoff-Marketing- u. Entwicklungs-netzwerk, Schulgasse 18 94315 Straubing	Heinrich Meyerhöfer kontakt@carmen-ev.de	T.: 09421-9603-00 F.: 09421-960333 www.carmen-ev.de	Projektförderung, -begleitung
FNR; Fachagentur Nachwachsende Rohstoffe e.V.; Hofplatz 1; 18276 Gülzow	Dr. Hansen info@fnr.de	T.: 03843-6930-0 F.: 03843-6930-102 www.fnr.de,	Projektförderung
KTBL; Kuratorium für Technik und Bauwesen in der Landwirtschaft e.V.; Bartningstraße 39; 64289 Darmstadt	Dipl.Ing. Michael Brenndörfer m.brenndoerfer@ktbl.de	T.: 06151-7001-0 F.: 06151-7001-123 www.ktbl.de; www.ktbl.de	Arbeitsgruppe De-zentrale Ölsaaten-verarbeitung
Bayerische Landesamt für Umweltschutz Bürgermeister-Ulrich-Str. 160 86179 Augsburg		T.: 0821-9071-0 F.: 0821-9071-5556 www.bayern.de-lfu	
Folkeceneter for Renewable Energy, PO Box 208; DK Hurup Thy - Dänemark	Preben Maegaard, Niels Ansø, Jacob Bugge Energy@folkecenter.dk	T.: 0045-9795-6600 F.: 0045-9795-6565 www.folkecenter.dk	
MALI Folkecenter; Sokorodji Projet Rue 600 Porte 147; BP E 4211 Bamako; Republik of Mali	mfc@malifolkecenter.org	T.: 0022 32200617 www.malifolkecenter.org	Purgiernuss Ölpflanzennutzung in Afrika

Internetadressen

www.Biodieselverband.de
www.narotech.de
www.bioenergienetzwerk.de
www.bhkw-infozentrum.de
www.bhkw-info.de
www.energielinks.de
www.bioenergie.inaro.de
www.admin.ch-sar
www.inaro.de
www.rapsinfo.de
www.fmso.de
www.nachwachsende-rohstoffe.info

Pflanzenöltauglicher Zapfhahn

Fa. Aetra, Alternative Treibstoffe & Zubehör; Christian Kaiser, Fürstenweg 1, 33102 Paderborn Tel: 05251 18080-0 Fax 05251 18080-11, info@aetra.de, www.aetra.de

Hersteller und Umrüstfirmen

Mittlerweile gibt es soviele Autowerkstätten, die die Umrüstung von PKW- und Nutzfahrzeugen auf Pflanzenöl (Eintank- wie auch Zweitanksystem) anbieten, dass wir sie hier nicht alle auflisten können. Dementsprechend zeigt die nachfolgende Liste nur einen kleinen Ausschnitt der am Markt anbietenden Umrüster. Zu den ersten, ältesten und damit erfahrendsten Anbietern der Technologie im Fahrzeugbereich gehören die Firma Elsbett, die Vereinigten Werkstätten und die Firma BioCar. Bei den BHKW für den häuslichen Bereich ist es sicherlich die Firma Kurt Weigel Energietechnik. Bei den großvolumigen Motoren für Fahrzeuge und BHKW sind die Firmen AAN GmbH, Nordhausen und die MWS (ehemals AMS) GmbH, Schönebeck zu nennen. Der erste Bootsumrüster war die Firma Krahwinkel und bei den Lokomotiven gibt es bislang nur die PEG, die Umrüstungen anbietet. Viele dieser genannten Firmen vergeben auch Lizenzen ihrer Umrüsttechnologie an Firmen in anderen Bundesländern. Aber auch die relativ jungen Unternehmen in diesem Segment bieten gute und innovative Lösungen und Techniken an. Aufgrund der fehlenden Stückzahlen bietet keine Firma eine serienmäßige Produktion an.

Um zu einem qualitativ guten Umrüster und Anbieter der Technik zu kommen, kann folgender Hinweis hilfreich sein: Wer über einen Freund oder Bekannten, der mit Pflanzenöl fährt, auf die Technik aufmerksam wird, erhält darüber in der Regel schon einen Hinweis auf die Zuverlässigkeit des Umrüsters. In anderen Fällen hilft es, bei mehreren Umrüstern folgende Informationen einzuholen und danach zu entscheiden:

• Welche Art der Umrüstung wird angeboten (Eintank-, Zweitank-Lösung)?
• Welche Komponenten sollen verändert oder hinzugefügt werden (Mindestausstattung: zweiter Ölfilter, Kraftstoffvorerwärmung, Kraftstoffleitungen mit größeren Querschnitten, Glühkerzenanpassung)?
• Welche Garantien (Motor, Komponenten, Fahrzeug) und welcher Kundendienst werden angeboten?
• Wird die Eintragung beim TÜV durch den Umrüster durchgeführt?
• Bei Änderungen am Motor: Existieren Emissionsgutachten
• Welche Referenzen können gegeben werden (vom Typ, von gleichen Fahrzeugen)?
• Ist der Umrüster ein zugelassener Fachbetrieb?
• Mit welchen Kosten ist zu rechnen?

Umrüstfirmen für PKW und Nutzfahrzeuge

Firma naturpower Pflanzenöltechnik;
Weinberge 26; 15806 Zossen
Tel.: 03377-302307; Fax: 03377-302308;
naturpower@t-online.de; www.naturpower.de
überweigend Nutzfahrzeuge, Busse, LKW

HeiPro; Ökologische & ökonomische Produkte;
Rotdornstraße 11; 16833 Karwesee
Tel.: 033922-90209; 0173-1519907; Fax: 033922-90379; info@heipro.de; www.heipro.de

Pflanzenöltechnik Nord GmbH;
Papenkamp 1; 25524 Itzehoe
Tel.: 04821-406242; Fax: 04821-406245;
ptn-mail@t-online.de;
www.pflanzenoeltechnik-nord.de

PROKON Unternehmensgruppe; Lkw-, Nutzfahrzeuge; Kirchhoffstraße 3; 25524 Itzehoe
Tel.: 04821-6855-100; Fax: 04821-6855-200;
info@prokon-energiesysteme.de;
www.prokon-energiesysteme.de

3EG GmbH; Pflanzenöltechnologie;
Schotten 6; 25554 Nortorf
Tel.: 04823-92964; Fax: 04823-920761;
wohlberg@3e-pflanzenoeltechnik.de;
www.3e-pflanzenoeltechnik.de

GRETEN-TECHNIK; Tom Greten Pflanzenöltechnik; Tegtmeyerstr. 19; 30453 Hannover
Tel.: 0511-4738122; 0172-4062858;
Fax 0511-4738122; info@greten-technik.de;
www.greten-technik.de

Pflanzenöltechnik Gunter Steckenreuter;
Am Zimmerplatz 6; 36287 Breitenbach a. H.
Tel.: 06675-919272; 0177-2948322,
Fax: 06641-918190; steckenreuter@ngi.de

Sonya Hermann;
Fichtenweg 10; 37077 Göttingen
Tel.: 05132-823870; 0160-90221125, Fax: 05132-857938; rapstruck@gmx.de

KFZ-Meisterbetrieb Peter Holzapfel,
Alt-Vorst 20, 41564 Kaarst
Tel.: 02131 666350, Fax.: 02131 669346

Kaufmann-Grote; Auto-Elektrik - Bosch-Kfz-Ausrüstung; Am Entenplatz 33; 49419 Wagenfeld
Tel.: 05444-998008; Fax: 05444-998007,
kaufmanngroteqt-online.de

BioCar; Georg Lohmann;
Welfenstraße 12; 81541 München
Tel.-Fax: 089-484837;
lohmann@biocar.de; www.biocar.de

TIKO Autozubehörhandel;
Botengasse 2; 86551 Aichach
Tel.: 08251-5759; Fax: 08251-5759;
tiko-autozubehoer@freenet.de

Siegel Pflanzenöltechnik;
Unterwilhams 9; 87547 Missen
Tel.: 08320-512; Fax: 08320 – 688

Kfz-Service Schubert;
Bechlinger Str. 4; 88069 Tettnang
Tel.: 07542-6020; 0172 837 67 29,
Fax: 07542-6040; Kfz-Schubert-TT@t-online.de

Sprungbrett-Werkstätten gGmbH;
Immenrieder Str. 4; 88353 Kißlegg
Tel.: 07563-91060; unfug@sprungbrettev.de

HHD Pflanzenöl-Umbauten; Andreas Hieber;
Feldscheiderweg 22; 89344 Aislingen
Tel.: 09075-958787; 0171-2081181;
Fax: 09075-958787; info@pflanzenoel-statt-diesel.de; www.pflanzenoel-statt-diesel.de

ATG Autozubehör-Technik Glött GmbH;
Gartenstraße 11; 89353 Glött
Tel.: 09075-86 44; Fax: 09075-8804;
info@diesel-therm.de, www.diesel-therm.de;
viele Lizenznehmer mit dem ATG-Umrüstsatz

Vereinigte Werkstätten für Pflanzenöltechnologie
GbR; Am Steigbühl 2; 90584 Allersberg
Tel.: 09174-2862, 0170 9326076; Fax: 09174-2621;
www.pflanzenoel-motor.de

Elsbett-Technologie GmbH; Weißenburger Straße 15; 91177 Thalmässing
Tel.: 09173-77940; Fax: 09173-77942; elsbett@t-online.de; www.elsbett.com

EWT Erich Wedekind; Technologie für die Umwelt; Am Hang 41; 91623 Sachsen b. A.
Tel.: 09827-927060; Fax: 09827-927061;
pflanzenoel@aol.com

Maschinenbautechnik Ewald Schöpper;
Greining 7; 92287 Schmidmühlen
Tel.: 09474-1454; Fax: 09474-1454;
rapscar@t-online.de

Firma Brand KG; Im Oehl 2+4; 92339 Beilngries
Tel.: 08461-70929, Fax.: 08461 70927, info@
pflanzenoeltraktor.de, www.brand-beilngries.de

Landtechnik Martin Graml;
Oberer Markt 25; 94149 Kösslarn
Tel.: 0 8536-1267; Fax: 08536-1296; m.graml@t-online.de; www.landtechnik-graml.de

Natur-Energie-Technik Dosch-Stümpf GbR;
Bocksbeutelstraße 2; 97337 Dettelbach
Tel.: 09324-980899; Fax: 09324-980899

Wolf-Pflanzenöl-Technik;
Ringstraße 28; 97508 Untereuerheim
Tel.:-Fax: 09729-6948;
www.wolf-pflanzenoel-technik.de

Firma Hausmann;
Am Angertor 3; 97618 Wülfershausen
Tel.-Fax: 09762-506

Autohäuser, die auf Pflanzenöl umgerüstete Neufahrzeuge anbieten

Autohaus Pielmeier (Skoda); Josef Hofbauer;
Virchowstr. 13; 93142 Maxhütte-Haidhof
Tel.: 09471-3842; Fax: 0174-6211979;
j.hofbauer@t-online.de

Autohaus Max Becher GmbH&Co.KG;
Schongauer Strasse 74; 82380 Peißenberg
Tel.: 08803-63260; Fax: 08803-632629;
becher.vtb@partner.skoda-auto.de;
www.becher.skoda-auto.de

Es ist anzunehmen, dass auf Nachfrage noch weitere Autohäuser diesen Service anbieten können.

Traktoren

Landwirtschaftliche Bezugs- und Absatzgenossenschaft Lüchow;
Am Kleinbahnhof 5, 29439 Lüchow
Tel: 05841 9550; Fax: 05841 95511

Thomas Gruber KG;
Schweppermannstr. 36, 84539 Ampfing
Tel: 08636-50235 Fax: 08636-50231

Siegel Pflanzenöltechnik;
Unterwilhams 9; 87547 Missen
Tel.: 08320-512; Fax: 08320-688

Firma Brand KG;
Im Oehl 2+4; 92339 Beilngries
Tel.: 08461-70929, Fax.: 08461 70927,
info@pflanzenoeltraktor.de,
www.brand-beilngries.de

Igl-Landtechnik;
Am Kalvarienberg 18, 92536 Pfreimd
Tel: 09606-9225-0, Fax: 09606 9225-50; www.igl-landtechnik.de; info@igl-landtechnik.de

Landtechnik Martin Graml;
Oberer Markt 25; 94149 Kösslarn
Tel.: 08536-1267; Fax: 08536-1296; m.graml@t-online.de; www.landtechnik-graml.de

Firma Hausmann;
Am Angertor 3; 97618 Wülfershausen
Tel.-Fax: 09762-506

Traktorenumrüstungen werden von vielen Land-technikunternehmen überwiegend im Zweitank-system durchgeführt. Viele der genannten Um-rüstfirmen für PKW und Nutzfahrzeuge rüsten ebenso auch Traktoren um, also fragen Sie unter Umständen auch bei denen nach.

Anbieter für
Blockheizkraftwerke und Brenner

BHKW
Söllinger ÖkoTec GmbH;
A-4881 Straß im Attergau 8
Tel.: 0043-7667-7205; Fax: 0043-7667-7205-14;
office@oekotec.at; www.soellinger.at
8-30 kW el mit Pflanzenöl, 30-100 kWel m. PME

NET Neue Energie Technik;
Moosstraße 195; A-5020 Salzburg
Tel.: +43-662-828729; Fax: +43-662-828729-60;
office@neue-energie-technik.net; www.neue-energie-technik.net

KWS Maschinenfabrik GmbH;
Unterrain 1; A-9560 Feldkirchen
Tel.: 0043-4276-488330; Fax: 0043-4276-4883320
office@kws-gruppe.com; *ab 80 kW$_{el}$ aufwärts*

ETA Energietechnik GmbH; 25899 Klixbüll;
Tel.: 04662-77414; Fax: 04662-77418;
eta-energeitechnik@t-online.de

KSW Energie- u. Umwelttechnik GmbH;
Justus von Liebig Straße 22; 53121 Bonn
Tel.: 0228 987700; Fax: 0228 9877055;
ksw-bonn@t-online.de
ab 400 kW$_{el}$ Altspeisefette, Friteusenfette

Giese Energie- und Regeltechnik GmbH,
Huckenstr. 3,82178 Puchheim
Tel.: 089 800 1551 Fax.: 089 801849,
BHKW@Giese-GmbH.de, www.giese-gmbh.de

Ingenieurbüro & Handel; A. Scheibner Dipl.-Ing.(FH); Lindenstraße 21; 83052 Bruckmühl
Tel.: 08062-728292; 0173-9310075;
Fax: 08062-728291;
blockheizkraftwerk@t-online.de

KW Energie Technik;
Hauptstraße 33; 92342 Freystadt-Sulzkirchen
Tel.: 09179-5880; 0170-5644475; Fax: 09179-90562; info@kw-energietechnik.de;
www.kw-energietechnik.de

Ebitsch Solartechnik;
Bambergerstr. 50; 96199 Zapfendorf
Tel.: 09547-8705-0; Fax: 09547-8705-20;
info@ebitsch-solartechnik.de;
www.ebitsch-solartechnik.de

SenerTec GmbH;
Carl-Zeiss Straße 18; 97424 Schweinfurt
Tel.: 09721-651-0; Fax: 09721-651-203;
info@senertec.de; www.senertec.de

AAN Anlagen und Antriebstechnik Nordhausen GmbH; Alte Leipzigerstr. 50;
99735 Bielen-Stadt Nordhausen
Tel.: 03631-918350; Fax: 03631-918340;
aan@bic-nordthueringen.de;
www.AAN-Energie.de

Brenner
Söllinger ÖkoTec GmbH,
A-4881 Straß i. A. Nr. 8,
Tel.: +43-7667-7205-96, Fax: +43-7667-7205-14,
steiner@oekotec.at, www.oekotec.at

NET Neue Energie Technik;
Moosstraße 195; A-5020 Salzburg
Tel.: +43-662-828729; Fax: +43-662-828729-60;
office@neue-energie-technik.net

Saacke GmbH & Co KG;
Südweststr.13; 28237 Bremen
Tel.: 0421-6495-0; Fax: 0421-6495-224;
www. saacke.de
ab 1,5 MW

Ruhr-Brenner GmbH;
Reichshofsstr. 3; 58239 Schwerte-Westhofen
Tel.: 02304-68051; Fax: 02304-63251;
Ruhr-brenner@gmx.de

Kroll GmbH;
Pfarrgartenstr. 46; 71737 Kirchberg-Murr
Tel.: 07144-830200; Fax: 07144-830201;
www.kroll.de

Bayerische Ray Energietechnik GmbH & Co. KG,
Dirnismaning 34 a, 85748 Garching
Tel.: 089-329004-0, Fax: -40,
web: www.bayray.de,
ab ca. 750 kW

Solera GbR; Kellerweg 3; 96253 Untersiemau
Tel.: 09565-61521-5; Fax: 09565-61521-7;
www.solera.net

Umrüster von Booten und Schiffen

Fa. HeiPro; Rotdornstraße 11;16833Karwesee
Tel.: 033922-90209; 0173-1519907;
Fax: 033922-90379;
info@heipro.de; www.heipro.de

GRETEN-Technik;
Tegtmeyerstr. 19; 30453 Hannover
Tel.: 0511-473-8122; 0172-4062858;
Fax: 0511-473-8122;
info@greten-technik.de; www.greten-technik.de

Johannes Krahwinkel;
Ahlerhof 18; 56112 Lahnstein
Tel.: 02621-40550; Fax: 02621-18398;
kpm@krahwinkel-kpm.de;
www.krahwinkel-kpm.de

Umrüster von Schienenfahrzeugen

Elsbett-Technologie GmbH;
Weißenburger Straße 15; 91177 Thalmässing
Tel.: 09173-793667; Fax: 09173-793669;
elsbett@t-online.de; www.elsbett.com

Prignitzer Eisenbahn GmbH,
Pritzwalker Straße 8, 16949 Putlitz
Tel: 030 6840 843-30, Fax: 030 6840 843 40,
berlin@prignitzer-eisenbahn.de,
www.prignitzer-eisenbahn.de

Anbieter von pflanzenöltauglichen Motoren

WTZ-Wissenschaftlich-Technisches Zentrum für
Motoren u. Maschinenforschung Rosslau GmbH,
Karl-Liebknecht-Str. 38, 06862 Roßlau/Elbe
Tel.: 034901 883-0, Fax: 034901 883120,
info@wtz.de, www.wtz.de

MWS Motorenwerk –Löschenkohl Schönebeck
GmbH; Barbarastraße 9; 39218 Schönebeck (Elbe)
Tel.: 03928-454270; Fax: 03928-454613;
motorenwerk_schoenebeck@t-online.de

Elsbett AG;
Weißenburger Straße 15; 91177 Thalmässing
Tel.: 09173-793667; Fax: 09173-793669;
elsbett@t-online.de; www.elsbett.com

AAN Anlagen und Antriebstechnik Nordhausen
GmbH; Alte Leipzigerstr. 50;
99735 Bielen-Stadt Nordhausen
Tel.: 03631-918350; Fax: 03631-918340;
aan@bic-nordthueringen.de;
www.AAN-Energie.de

Weitere Bücher im ökobuch Verlag

Gottfried Haefele, Wolfgang Oed, Ludwig Sabel
Hauserneuerung
Instandsetzen - Renovieren - Modernisieren: eine Anleitung zur Selbsthilfe. Das Buch beschreibt ausführlich den behutsamen, handwerklich sachgerechten und umweltverträglichen Umgang mit alter Bausubstanz.
237 S., 200 Abb., 21 x 21 cm , 8. verbesserte Aufl. 2003   25,50 €

Ingo Gabriel, Heinz Ladener, Hrsg.
Vom Altbau zum Niedrigenergiehaus
Energietechnische Gebäudesanierung in der Praxis: Nachträgliche Wärmedämmung der Gebäudehülle, Fenstererneuerung, sowie Sanierung der Haustechnik einschließlich Lüftung, Heizung, Sanitär und Elektro.
262 S. m.v.z.T. farb. Abb., 21 x 21 cm, geb. 5. Aufl. 2006   29,90 €

Gernot Minke
Dächer begrünen – einfach und wirkungsvoll
Ratgeber für die Begrünung von Wohn- und Bürogebäuden, Garagen und Carports. Mit Konstruktionsdetails, Dachaufbauten, Begrünungssystemen, Kosten u. Selbstbauhinweisen. 94 S. m. v. Abb., 17 x 24 cm, 3. Aufl. 2006   12,70 €

Gernot Minke
Das neue Lehmbau-Handbuch
Umfassendes Lehrbuch und Nachschlagewerk: Es zeigt Einsatzmöglichkeiten, Eigenschaften und Verarbeitungstechniken des Baustoffes Lehm. Mit Forschungsergebnissen u. Beschreibungen ausgeführter Lehmhäuser.
340 S. m.v. Abb., 21 x 21 cm, gebunden, 6. erw. Aufl. 2004   35,30 €

Herbert und Astrid Gruber
Bauen mit Stroh
Bauen mit großformatigen Quadern aus gepreßtem Stroh: gebaute Beispiele, erprobte Bauformen und Konstruktionen, Besonderheiten, neue Projekte und Forschungen.
2. erweiterte Aufl. 2003, 112 S. m. v.Abb.,   14,90 €

Gernot Minke, Friedemann Mahlke
Der Strohballenbau
Ein Konstruktionshandbuch, das Konzeption, bautechnische Besonderheiten und alle Details beschreibt, um aus Strohballen gut gedämmte, dauerhafte Häuser zu bauen. Mit vielen Beispielen. 1. Aufl. 2004, 142 S. m.v. farb. Abb.,   15,90 €

Heidie Howcroft
Gestalten mit Holz im Garten
Bodenbeläge, Holzdecks, Zäune, Rankgerüste, Lauben. Bauanleitungen und Gestaltungsideen für Nützliches und Dekoratives aus Schnittholz und aus grünem Holz. Das Buch zeigt, wie vielfältig und formschön sich Holzwerk in den Garten einbinden lässt. 135 S. m.v. Abb., 21 x 21cm geb. 2. Aufl. 2006   19,90 €

Edgar Haupt
Wintergärten - Anspruch und Wirklichkeit
Praxisnahe Anleitung für die Planung und den Bau von Wintergärten: Raumklima, Konstruktionen, Materialien, Verglasungs- u. Klimatisierungssysteme, Bauschäden, Hinweise f.d. Bepflanzung. 4. Aufl. 2004, 190 S.   22,50 €

Anreas Henze, Werner Hillebrand
Strom von der Sonne
Photovoltaik in der Praxis: Techniken, Anwendungsmöglichkeiten, Marktübersicht und Anleitung zum Selbstbau kleiner autonomer Stromversorgungsanlagen für Hütten und Fahrzeuge. 133 S. m.v.Abb., 17 x 24 cm, 1999/2002   12,95 €

Lynn Edwards, Julia Lawless
Naturfarben-Handbuch
Natürliche Farben und Anstriche für Wände, Holzböden und Möbel selbst herstellen und anwenden: Rezepturen, Maltechniken und kreative Raumgestaltung. Durchgehend farbig! 1. Aufl. 2003, 190 S. 19x28,6 cm   29,90 €

Holger König, Peter Weissenfeld
Holzschutz ohne Gift
Holzschutz und Holzoberflächenbehandlung in der Praxis mit vielen Anleitungen und Rezepten für alle, die in Haus und Hof selbst zum Pinsel greifen. 15. Aufl. 2003, 172 S. m.v. Abb., 17 x 24 cm br.   15,30 €

Maggy Howarth
Kieselstein-Mosaik
Schöne Böden für Wege und Lieblingsplätze im Garten selbst gestalten. Exakte Anleitungen für einfache und fortgeschrittene Arbeiten mit Tips aus der Praxis. Viele Gestaltungsvorschläge geben Anregung für eigenes kreatives Schaffen.
118 S. m.vielen z.T. farb. Abb., 2001/2003   20,40 €

Claudia Lorenz-Ladener, Hrsg.
Lauben und Hütten
Einfache Paradiese zum Selbstbauen. Bauanleitungen für schnell zu errichtende Behausungen (Tipi, Baumhaus, Kuppelbau, Hogan etc.), sowie für schöne Lauben für den Garten oder die freie Natur. 2002, 190 S. m.v.Abb., geb.   22,50 €

Jon Warnes
Mit Weiden bauen
Anleitungen für Zäune. Laubengänge, Wigwams, Sitzplätze und grüne Kuppeln. Pflanzen und Arbeiten mit lebendem Material, aus dem sich viele schöne, nützliche Dinge herstellen lassen. 2001, 60 S. m.v.farb. Abb., geb.   12,95 €

Alan und Gill Bridgewater
Bauen mit Frischholz
Frisches grünes Holz ist ein ausgezeichnetes Material, um mit einfachen Werkzeugen und in kurzer Zeit schöne, nützliche Dinge für den Garten herzustellen: Behälter, Spaliere, Bänke, Zäune, Obeliske, Sichtschutzelemente, u.v.m. 1. Aufl. 2002, 80 S. m.v. farb. Abb., A4 geb.   18,90 €

Susie Vaugham
Einfach Korbflechten
mit Ruten und Zweigen aus dem Garten und vom Wegesrand. Hier wird gezeigt, wie mit einfachen Techniken das Flechten formschöner, farbiger Körbe leicht zu erlernen ist. 80 Seiten, farbig, 21 x 21 cm, gebunden 1. Aufl. 2005   13,90 €

Daniel Mack
Möbel aus Wildholz
Wieviel Äste braucht ein Stuhl? Der Autor stellt moderne Wildholzmöbel vor und beschreibt genau, worauf es bei der Auswahl des Holzes ankommt, wie Wildholz bearbeitet u. zu Möbeln zusammengefügt wird. 168 S. m.v.Abb., 1999   25,50 €

Annelore und Susanne Bruns
Biogarten Handbuch
Anleitung zum naturgemäßen Gärtnern in Bildern. Hier wird das notwendige Wissen vermittelt, um erfolgreich den Boden zu bestellen und reichhaltig gesundes Obst und Gemüse zu ernten. 141 S. m.vielen Abb., 17x24 cm, 2004   13,90 €

Annelore und Susanne Bruns
Werkbuch Biogarten
Anleitung zum handwerklichen Arbeiten in Bildern: Bau von Kompostbehältern u. Frühbeeten, Pflanzengerüsten, kleine Lagerkeller, Kräuterspiralen, Vogelnistkästen u.v.m. 112 S. m.vielen Abb., 17x24 cm, 2004   12,90 €

Alexander Heil
Der Paradiesgarten
Essbare Stauden von A bis Z für den kombinierten Zier- und Nutzgarten. In Text und Bild werden Anbau, Ernte und Verarbeitung von über 140 essbaren Stauden beschrieben. 2. Aufl. 2004, 141 S. m.v. farb. Abb., 17 x 24 cm   14,95 €

Claudia Lorenz-Ladener
Naturkeller
Grundlagen und praktische Anlagen für Planung und Bau von naturgekühlten Lagerräumen im Haus oder Freiland. 140 S. m.v.Abb., 1990/2003   15,30 €

Claudia Lorenz-Ladener, Hrsg.
Holzbacköfen im Garten
Detaillierte Bauanleitungen vom einfachen Lehmofen bis zum gemauerten Brotbackhäuschen. Mit vielen Erfahrungen und Ratschlägen sowie pfiffigen Tipps und Rezepten. 138 S. m.v.Abb., 5. Aufl. 2003   15,30 €

Karl-Heinz Böse
Regenwasser für Garten und Haus
Ein kompetenter Ratgeber für Planung und Bau von Regenwassersammelanlagen nach dem Stand der Technik: Bemessung, Genehmigung, Speichertanks, Pumpen, Rohrleitungen und Zubehör. 109 S. m. v. Abb., A5, 3. Aufl. 2003   10,20 €

Hans-P. Ebert
Heizen mit Holz
Umfassender Ratgeber über Holzeinkauf, Zurichten des Waldholzes, Lagerung und Trocknung, Anforderungen an Feuerstelle und Schornstein, verschiedene Ofentypen u. ihre Einsatzbereiche. 132 S. m.v.Abb., 11. überarb. Aufl. 2006   10,95 €

Thomas Holz
Holzpellet-Heizungen
Ein Ratgeber. Technik, Bauformen, Einsatzbereiche und Planung von Holzpelletheizungen, Genehmigung, Förderung. 3. Aufl. 2006, 94 S. m.v. Abb.   9,95 €

Preisstand: 1.6. 2006   Unsere Bücher erhalten Sie in allen Buchhandlungen!

In unserer *Versandbuchhandlung* haben wir über 300 Titel auf Lager, die Sie direkt bei uns bestellen können, und zwar zu folgenden Themen: Solararchitektur - Bauen & Selbstbau - Nutzung von Sonnen-, Wind- und Wasserkraft - Bioenergie - Energiekonzepte - Land- und Gartenbau - Tierhaltung - gesunde Küche - und vieles mehr ....

ökobuch Verlag GmbH

Fordern Sie einfach die große Buchliste an: **Postfach 1126   79216 Staufen**

✆ 07633-50613 · ✉ 50870 · email: oekobuch@t-online.de · http://www.oekobuch.de